왜
버스는 한꺼번에 오는 걸까?

WHY DO BUSES COME IN THREES
by Rob Eastaway, Jeremy Wyndham

Copyright ⓒ 1999 by Rob Eastaway, Jeremy Wyndham
All rights reserved.

Translation copyright ⓒ 2018 by KYUNG MOON SA.
Korean Translation rights arranged with Robson Books
though Eric Yang Agency, Seoul, Korea.

이 책의 한국어판 저작권은 에릭양 에이전시를 통한 Robson Books사와의
독점 계약으로 경문사가 소유합니다.
저작권법에 의하여 한국 내에서 보호받는 저작물이므로 무단 전재와 무단 복제를 금합니다.

왜
버스는
한꺼번에
오는 걸까?

롭 이스터웨이·제레미 윈덤 지음

김혜선 옮김

KM 경문사

왜 버스는 한꺼번에 오는걸까

지은이	롭 이스터웨이 · 제레미 윈덤
옮긴이	김혜선
펴낸이	조경희
펴낸곳	경문사
펴낸날	2018년 10월 1일 1판 1쇄
	2023년 11월 1일 1판 3쇄
등 록	1979년 11월 9일 제1979-000023호
주 소	04057, 서울특별시 마포구 와우산로 174
전 화	(02)332-2004 팩스 (02)336-5193
이메일	kyungmoon@kyungmoon.com

값 12,000원

ISBN 979-11-6073-176-7

★ 경문사의 다양한 도서와 콘텐츠를 만나보세요!

홈페이지	www.kyungmoon.com	페이스북	facebook.com/kyungmoonsa
포스트	post.naver.com/kyungmoonbooks	블로그	blog.naver.com/kyungmoonbooks
북이오	buk.io/@pa9309	인스타그램	instagram.com/kyungmoonsa

도서 중 **정오표** 및 **학습자료**가 있는 경우 홈페이지 내 해당 도서 상세 페이지의 **자료** 탭에 업로드됩니다.

추천의 글

수학은 '발명'한다고 하지 않고 '발견'한다고 한다. 심각한 일이나 재미있는 일, 중요한 일이나 아주 사소한 일이든 우리의 삶 곳곳에 수학은 존재한다. 수학이라는 과목은 종종 잘못 이해되어 부당하게도 공포의 대상이 되기도 한다. 하지만 수학은 언어보다 더 간단하고 논리적이다. 밤 하늘의 아름다운 별들을 잡을 수 없어 안타까워하며 바라볼 때, 물이 가득한 욕조에 들어갈 때, 축구 경기의 결과를 읽거나 동전 던지기를 할 때에도 수학이 관련되어 있다. 그리고 그 덕분에 삶을 즐길 수 있고 제대로 이해할 수 있으며 심지어는 미래를 예견하고 준비할 수도 있다.

어렸을 적 나는 크리켓과 대중 음악, 천문학에 관심이 많았다. 그때는 깨닫지 못했지만 그것들은 모두 통계―타율, 팝 인기순위, 행성들의 크기와 거리―때문에 관심을 갖게 된 것이다. 겉으로 보기에는 연관성이 없어 보이는 평범한 그 숫자들은 내게 이 세 가지 관심사에 대한 열정을 갖게 해주었다. 그리고 숫자들은 새로운 돈벌이의 기본이 되는 경우도 많았다. 수년 동안 룰렛과 마권업자들과의 베팅 게임에서 실패했을 때는 사실이 아니길 바랐지만 말이다.

아름다운 음악 선율조차 수학으로 분석할 수 있다. 모든 음조는 서로 수학적 관계가 있기 때문인데, 화성에서의 떨림이나 화음과 불협화음들은 수학적인 관계를 단순화할수록 소리는 더 듣기 좋다. 그렇다고 모차르트나 밥 딜런의 음악을 들을 때 계산기를 손에 들고 있으라는 말은 아니다. 다만 그들이 정말 머릿속에 있는 분당 진동으로 그렇게 감동적인 작품들을 만들었는가가 궁금할 뿐이다.

롭 이스터웨이와 제레미 윈덤은 이 책이 재미있다고 한다. 정말 맞는 말이다. 포테이토 칩에서 스누커(당구 경기의 한 종류) 공까지, 카드로 하는 마술에서 보험까지, 암호 해독에서 버스를 기다리는 일까지 여기 있는 모든 것은 수학이 우리의 삶을 어떻게 지배하고 향상시키고 있는지를 확인시켜준다.

팀 라이스

* Tim Rice. 작사가. 뮤지컬 〈지저스 크라이스트 슈퍼스타〉, 〈체스〉, 〈캣츠〉, 디즈니 만화 〈라이언 킹〉, 〈알라딘〉 등의 주제가를 작사했다.

차례

추천의 글__5
글을 시작하며__8

01. 네잎 클로버는 어디에__11
02. 어느 길로 갈까?__28
03. 시청률, 믿거나 말거나?__42
04. 원숭이도 나무에서 떨어질 때가 있네__55
05. 내기에서 꼭 이기는 법__66
06. 우연의 일치__79
07. 자유의 여신상을 잘 보려면__92
08. 비밀을 지키려면__103
09. 왜 버스는 한꺼번에 올까?__119
10. 케이크 자르는 법__129

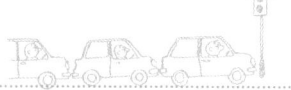

11. 속임수 없이 이기는 법__140
12. 가장 위대한 스포츠 스타는?__154
14. 13장은 어디 간 거야?__166
15. 누가 범인일까?__175
16. 인생은 줄서기__191
17. 뜨거운 물과 찬물__204
18. 시간 맞춰 요리하기__219
19. 아이들과 신나게 노는 법__232

옮긴이의 말__245
참고문헌__247

글을 시작하며

수학은 환상적이고 아름답고 때로는 불가사의하기도 하다. 수학은 우리가 하는 모든 일과 관계가 있으며 저녁 식탁에서의 대화를 무르익게 할 만한 주제들로 가득하다. 비록 이것이 일반적인 사람들의 생각이 아니라 전적으로 우리의 생각이지만 이 책을 읽는 여러분은 우리와 같은 생각을 하길 바란다.

수학은 너무 오랫동안 나쁜 평을 들어왔다. 하지만 이제는 그렇지 않다는 사실을 말할 때다. 이 책은 수학이 삶에서 없어서는 안 되는 것이라는 사실을 아는 사람들을 위한 것이다.

버스가 왜 한꺼번에 오는지 궁금해한 적이 있는가? 어렸을 때 네잎 클로버를 찾지 못해 속상했던 적은 있는가? 집으로 돌아오는 길에 옛 친구와 접촉사고가 난다면, 이런 우연한 사건에 놀라며 살며시 미소 지을 수 있는가? 이런 사건들은 모든 사람들이 흥미를 가지는 것이며 또한 수학적으로 설명할 수 있다. 하지만 수학은 답만 말하는 것이 아니라 새로운 통찰력을 주고 호기심을 자극하기도 한다. 도박, 여행, 데이트, 먹는 것, 비가 올 때 뛸까 말까, 이 모든 것이 수학의 원리와 관계가 있다.

대중적이고 재미있는 수학을 다루는 책은 학교를 졸업한 뒤로 수학을 접해본 일이 없는 사람에게는 자칫 추상적이고 접근하기 어려울 수도 있다. 우리는 수학을 실생활에 접목하려고 노력했다. 모든 글이 누구나 품을 수 있는 질문으로 시작하는 까닭이 바로 그것이다. 소재는 어떤 굉장한 논리적인 계획에 의해서가 아니라 개인의 관심사에 따라 선택되었다. 어떤 부분은 읽기 쉽겠지만 어떤 부분은 약간의 사고가 필요하다. 하지만 여러분의 수학적 능력이 어떻든 간에 여러분의 삶과 밀접한 것이 많을 것이다.

이 책을 훑어보면 확률론을 실제로 이용하는 것뿐만 아니라 접선, 피보나치 수열, 파이, 행렬, 벤 다이어그램, 소수 등 많은 것이 적용되는 것을 볼 수 있다. 여러분이 이 주제들을 통해 자극받기 바란다. 하지만 그 무엇보다도 이 책을 즐기기 바란다.

롭 이스터웨이

제레미 윈덤

01 네잎 클로버는 어디에 _자연과 수학

어렸을 적 네잎 클로버를 찾는 일은 시간 가는 줄 모르는 신나는 일이었다. 무지개 끝에 있다는 금항아리를 찾는 것만큼이나 행운이었다. 하지만 아쉽게도 이 두 가지 놀이는 대개 실망으로 끝난다. 아이들은 무지개가 언젠가 사라진다는 것을 알기 때문에 무지개를 좇아가는 것은 쉽사리 포기해도 클로버는 쉽게 단념하지 못한다. 어딘가에는 분명히 네잎 클로버가 있다는 생각 때문이다. 자연은 왜 이렇게 네잎 클로버를 띄엄띄엄 만들어내는 걸까?

잠깐 정원이나 시골로 나가서 꽃들을 살펴보자. 미나리아재비, 팬지, 앵초, 진달래, 토마토, 제라늄 등의 꽃잎이 모두 다섯 장임을 알 수 있다. 동자꽃 같이 꽃잎이 열 장인 것처럼 보이는 꽃도 사실은 각각 둘로 나뉘어 있는 다섯 장의 꽃잎이다.

'5'라는 숫자는 열매 속에 배열된 씨의 모양에서도 볼 수 있다. 사과를 잘라보면 가장 빨리 확인할 수 있다. 우리는 보통 사과를 세로로

미나리아재비의 꽃잎도 다섯 장이다.

자르지만 이번에는 사과를 지구라 생각하고, 적도에 해당하는 부분을 지나게 해서 반으로 잘라보자. 그러면 씨들이 꼭지점이 다섯 개인 예쁜 별 모양으로 박혀 있을 것이다. 배를 잘라봐도 똑같다.

동물의 다리는 일반적으로 2개, 4개, 6개 등 짝수와 관련이 있는데 식물계는 홀수와 관련된 까닭은 무엇일까? 어째서 꽃잎이 좀더 균형감 있는 4나 6이 아니고 다섯 장인 것일까?

조금 더 살펴보면 보면 식물계에는 자주 등장하는 특별한 숫자들이 있다는 것을 알 수 있다. 파인애플이나 솔방울을 자세히 보면 맨 위부터 아랫부분까지 겉을 감싼 껍질이 나선형으로 붙어 있다. 시계 방향인 것과 시계 반대 방향인 나선을 찾을 수 있는데, 나선형의 줄을 따라 개수를 세어보면 파인애플은 시계 방향 나선이 8줄, 시계 반대 방향 나선이 13줄 있다. 솔방울은 보통 13~21줄, 21~34줄이 있다. 해바라기도 시계 방향과 시계 반대 방향의 나선이 있다. 그리고 국화꽃에서는 꽃의 중심에서 바깥을 향해 나가는 나선 모양을 볼 수 있는데 시계 방향과 시계 반대 방향으로 된 나선의 수는 대개 34, 55개이거나 55, 89개다.

꽤 다양한 꽃들을 찾아 꽃잎의 수를 세어본 사람은 꽃잎에서는 8,

파인애플을 보면 8과 13이라는 숫자와 관련 있는 것을 발견할 수 있다.

13줄의 나선

8줄의 나선

13, 21, 34, 55 따위의 숫자가 일반적이라고 말한다. 꽃잎은 7장이나 9장보다 8장인 경우가 더 많다.

이렇게 다른 숫자들보다 어떤 특별한 숫자가 식물계와 관련 있는 것은 우연히 들어맞는 것은 아니다. 꽃잎, 나뭇잎, 솔방울과 수학 세계에는 수백 년 동안 관심사였던 재미있는 연관성이 있다.

피보나치 수열

이탈리아의 레오나르도 피보나치(Leonardo Fibonacci, 1170~1240)는 어떤 간단한 숫자의 나열(수열)에 자기의 이름을 붙였다. 이 수열은 두 개의 1로 시작하여 각각 뒤에 오는 숫자는 앞에 있는 숫자 두 개를 더한 것이다. 피보나치 수열은 다음과 같다.

1, 1, 2, 3, 5, 8, 13, 21, 34, 55, …

피보나치는 토끼가 어떤 특별한 비율로 새끼를 낳는다면 얼마나 많아질까를 계산하면서 이 수열을 만들었다. 그러나 피보나치 수열은 단순히 토끼가 몇 마리나 태어날까 하는 것보다 훨씬 더 복잡한 자연현상과 연관되어 있음이 밝혀졌다. 우리는 이미 앞에서 꽃잎이나 열매를 덮고 있는 껍질이 모두 피보나치 숫자라는 것을 보았다. 나뭇잎은 주로 2, 3, 5개씩 난다. 그러므로 네잎 클로버를 쉽게 볼 수 없는 것은 식물이 이러한 패턴을 따르기 때문이다. 클로버는 대부분이 잎이 네 개가 아니라 세 개인 패턴을 따른다.

그렇다면 피보나치 숫자들이 식물계에서 그렇게 자주 보이는 까닭은 무엇일까?

그 이유는 고대 문명인들이 신성하고 신비롭다고 여겼던 특별한 숫자와 피보나치 수열의 관계 속에 있다. 그 특별한 숫자가 바로 황금비(golden ratio)이다.

황금비

황금비 Φ(phi, 파이)는 $\frac{\sqrt{5}+1}{2}$, 약 1.618이다. 여러분에게는 1.618이 숫자로서 큰 의미가 없을지 모르지만 자연계에서는 대단히 중요하다. 이 비율은 아래의 특별한 사각형 안에서 볼 수 있다.

Φ는 직사각형에서만 보이는 것은 아니다. 정오각형과 꼭지점이 다섯 개인 별에도 또한 Φ가 있다.

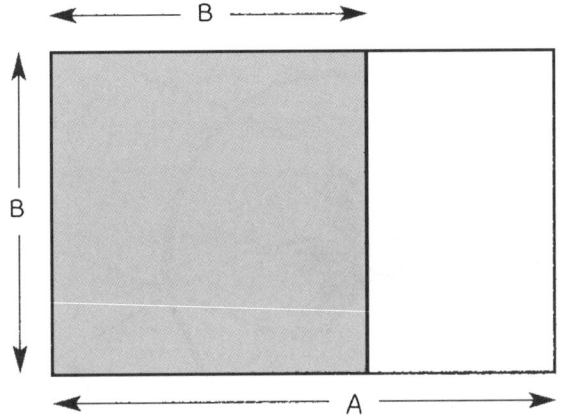

넓이가 A×B인 직사각형이 있다. 그림처럼 B×B 넓이의 정사각형을 잘라내면 남아 있는 직사각형의 가로와 세로 길이의 비는 처음 사각형과 똑같다. 이런 성질은 황금비를 가진 사각형(황금 직사각형)에서만 유일하다. 직사각형 A:B의 비는 1.618이고 이를 파이(Φ)라고 한다.

앞에서 잘랐던 사과 단면의 별 모양을 다시 한 번 보자. 별 모양으로 박혀 있는 씨 중에서 첫 번째 것과 세 번째 것 사이의 거리는 바로 옆에 있는 씨의 거리의 Φ배이다.(이때, 씨들은 완벽한 별 모양으로 박혀 있어야 하고 정확한 자로 측정해야 한다.)

이것으로 Φ의 신기한 특성이 끝난 것이 아니다.

피보나치 수열에서 이웃한 두 숫자의 비는 거의 Φ이다. $\frac{3}{2}=1.5$, $\frac{5}{3}=1.6$, … 수열을 따라 계속 비를 구해보면 값은 Φ에 점점 가까워진다. $\frac{34}{21}$ 또는 1.619가 될 때까지 비를 구해보면 그 비는 정확한 Φ 값의 0.1% 안에 있다. 이렇게 피보나치 수열과 황금비는 관계가 밀접하다.

다시 식물을 생각해보자. 대부분의 식물에는 줄기에서 나오는 잎이 있다. 보통 이 잎들은 다른 각도를 이루면서 줄기에 나 있고 그 줄기

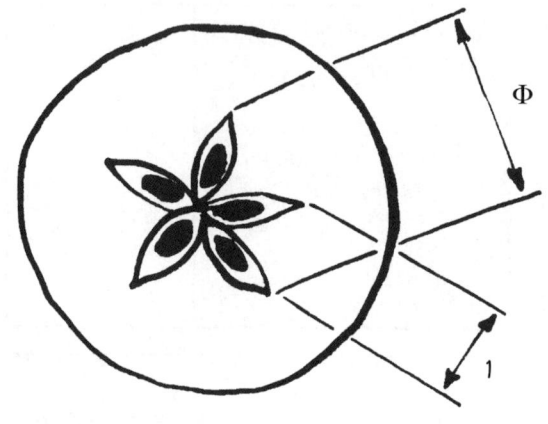

사과의 단면

를 돌려보면 나선형으로 붙어 있다. 잎마다 바로 앞에 있는 잎과 이루는 각도는 137~139° 사이이다. 마당에 나가보면 금방 확인할 수 있다. 제일 먼저 뽑은 잡초는 9장의 잎이 줄기를 세 바퀴 이상 돌아 나 있다. 그리고 잎과 잎 사이의 평균각은 약 139°였다.

   이 각이 왜 중요할까? 마찬가지로 Φ와 관련이 있기 때문이다. 그 까닭은 식물이 어린 싹이었을 때로 거슬러 올라간다. 잎이나 꽃잎은 모두 작은 싹에서 시작한다. 새싹들은 줄기를 따라 올라가면서 한 번에 하나씩 생겨나는데 바로 앞에 있는 잎과는 될 수 있는 대로 멀리 자리잡으려 한다. 자석들이 서로 밀쳐내는 것처럼 말이다. 가능한 한 많은 햇빛을 받으면서 자라려면 공간이 넓어야 하기 때문이다. 그러기 위해서 앞에 난 것과는 다른 각도로 싹을 틔우는 것이다.

   Φ와 관련된 각의 크기는 싹이 서로 멀리 떨어져 있도록 하는 이상적인 각이다. 360을 Φ로 나누면 약 222.5이다. 시계 방향으로

222.5°는 반대 방향으로 137.5° 움직인 크기와 같다. 이 각은 식물에서 계속 볼 수 있다.

만약 싹들이 바로 앞의 것에서 137.5° 방향을 틀어 나 있다면 다음 그림에서처럼 여섯 번째 싹에서 재미있는 현상을 볼 수 있다.

네 번째와 다섯 번째 봉오리는 둘 다 그 앞과 적어도 50° 간격을 두고 있다. 그러나 여섯 번째 봉오리는 첫 번째 것과 간격 32.5°밖에 차이 나지 않는다. 그러면 첫째 봉오리는 여섯째 봉오리의 그늘에 약간 가린다고 말할 수 있다. 적어도 다른 다섯 봉오리보다 빛을 덜 받는다. 즉 첫 번째 봉오리는 다른 것들보다 햇빛과 영양분을 조금 덜 공

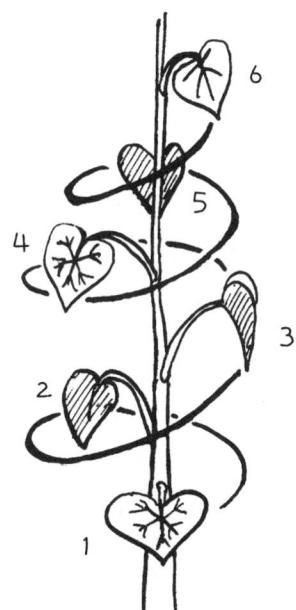

나뭇잎은 줄기를 따라 나선형을 그린다.

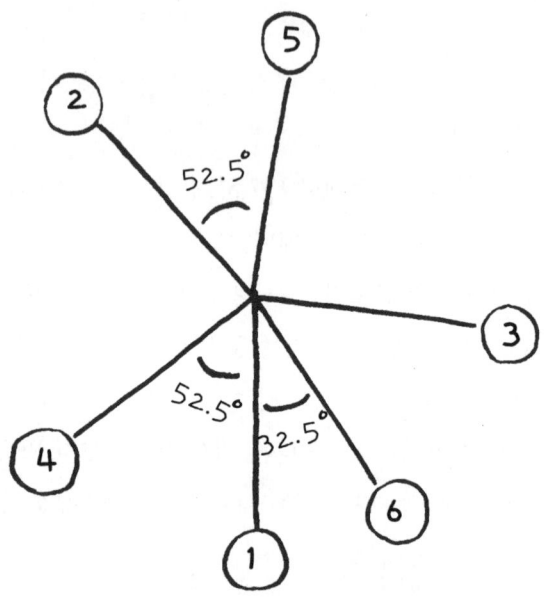

꽃봉오리 사이의 각 : 처음 여섯 번째로 나는 봉오리의 위치. 네 번째와 다섯 번째로 보이는 봉오리는 그 위의 것들과 적어도 52.5°의 차이가 난다. 하지만 여섯 번째 봉오리는 첫번째 것과 32.5° 밖에 차이 나지 않는다.

급받는다. 결국 균형을 깨는 것이다.

 이제 이 사실이 많은 식물들이 5 이상을 넘지 않는 이유에 대한 대답이 될 수 있을까? 식물 자체 내에는 여섯 번째 봉오리가 생기지 않도록 절단하는 시점이 입력되어 있는 걸까? 이는 흥미로운 이론이지만 누구도 확실하게 알고 있는 것 같지는 않다.

 위에서 말한 것은 단지 피보나치와 황금비와 숫자 5 사이의 연관성을 소개할 뿐이다. 그리고 이 사실이 말해주는 것은, 식물의 모양은 유전자뿐만 아니라 숫자와도 많은 관계가 있다는 것이다.

 수세기 동안 황금비가 숭배와 매력의 원천이 되었던 한 가지 이유는 식물과의 연관성 때문이다. 이집트 사람들도 그 비를 알고 있었다.

이집트 기자에 있는 피라미드의 면은 거의 확실한 황금 직사각형의 1/2로 만들어져 있다.

 직사각형 외에 자연과 밀접하게 관련 있는 도형으로 다른 것도 있다. 그것 역시 신기한 특성이 있는 비율로 되어 있다.

π와 원

들판이나 숲, 바다, 하늘 어디에나 원이 있다. 씨앗, 꽃, 식물의 눈, 나무 줄기, 무지개, 물방울 등 모두 원으로 이루어져 있다. 행성 또한 원처럼 보인다. 그리고 오랫동안 행성이 원 안에서 움직이고 있다고 생각했다(실제로 행성은 타원 안에서 움직인다. 원은 타원에 속하는 특별한 모양이다).

 원은 만들기 쉽고 아주 유용하게 널리 쓰인다. 들판의 말뚝에 묶여 있는 염소가 가능한 한 많은 풀을 뜯어먹었다고 하면 풀밭은 원 모양으로 뜯겨 있을 것이다. 양의 울타리를 만들 때 일정량의 자재로 더 넓은 땅을 갖고 싶다면 사각형보다는 원으로 만들어야 한다. 그러면 사각형으로 만든 것보다 25% 이상을 더 얻을 수 있다. 자연은 언제나 최선으로 문제를 해결하려는 습성이 있다. 하지만 실행하는 데는 많은 시간이 걸린다. 그리고 충분히 원을 이용해왔다.

 원의 둘레에 대한 지름의 비는 π이다. 성서 시대에 π는 3과 관련이 있었다. 성서의 〈열왕기상〉 7장 23절에 다음과 같은 구절이 있다.

  또 바다를 부어 만들었으니 그 직경이 십 큐빗이요…… 주위는 삼

십 큐빗 줄을 두를 만하며……

훗날 이 구절과 성경의 절대성을 이용하여 π는 정확히 3이라고 주장한 사람도 있었다. 하지만 아쉽게도 교리나 법률 어떤 것도 π가 $3\frac{1}{7}$보다 약간 작다는 사실을 부인할 수 없다. 사실 π는 무리수다. 그래서 그 값은 숫자 전체를 사용한다 해도 하나로 표현할 수 없다.

원과 연관된 자연현상은 반드시 π와 관련이 있다. 하지만 π와 관련된 것으로 완전한 원만 있는 것은 아니다. 예를 들면 추시계에서도 π를 발견할 수 있다. 적절한 속도로 흔들리는 시계추가 원 하나를 만드는 데 걸리는 시간은 그 똑딱거림을 가지고 계산한다.

L은 시계추의 길이다. 단위는 미터(m). 'g'는 중력 가속도로 약 9.8㎨이다. 이 공식은 어떤 행성에서건 상관 없다. 우주 어디에서든 π는 일정하기 때문에 시계추를 이용하면 어떤 행성의 중력이 얼마나 되는지 알 수 있다. 지구상에서는 1m의 시계추가 1초에 한 번 똑딱이지만 달에서는 30초에 두 번 똑딱거린다.

18세기의 생물학자 조지 뷔퐁(Georges Buffon)은 물리학 세계에서

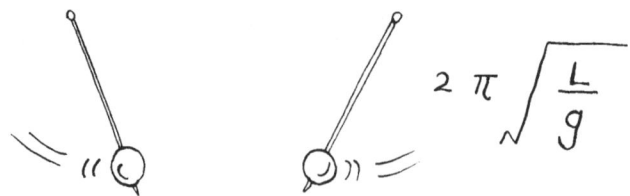

시계추가 정신없이 불규칙적으로 흔들린다면 추시계가 '똑딱' 하고 움직일 때의 주기가 $2\pi\sqrt{\frac{L}{g}}$ 이라는 사실을 아직도 알 수 없을 것이다.

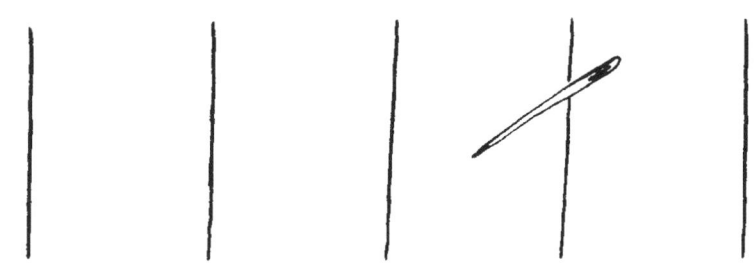

이렇게 될 확률은 2/π이다.

의 π에 대한 또 다른 흥미로운 발견을 하였다. 평행한 선을 그려놓은 평면 위로 높은 곳에서 바늘을 떨어뜨렸을 때 그려진 선들 가운데 하나의 선 위로 바늘이 떨어질 확률은 정확히 $\frac{2}{\pi}$(약 64%)라는 것이다. 단, 이때 평행한 각 선들은 반드시 바늘 길이만큼의 간격을 두어야 한다. 10년 뒤에 수학자 드 모르간(Augustus de Morgan)은 제자에게 이것을 실험해보게 하였다. 학생은 바늘을 600번 떨어뜨렸는데 382번이 하나의 선 위로 떨어졌다. 이것은 놀랍게도 아주 정확히 π의 값이 3.14라는 것을 보여준다. 만약 무인도에 갇혀 있는 상태에서 π값을 아주 정확히 계산해야 할 일이 발생한다면, 먼저 나무막대로 모래사장에 선을 그린 다음 나무막대를 떨어뜨렸을 때 어떤 한 개의 선 위로 떨어지는 횟수를 세면 된다. 단, 소수 셋째 자리까지 정확히 계산하기 위해서는 나무막대를 수만 번 떨어뜨려야 할 것이다.

> ### π에 대한 재미있는 사실
>
> - 숫자 '113355'의 중간을 잘랐을 때 두 수의 비는 거의 정확히 1/π이 된다. 113/335=1/3.1415929
> - π를 만들 수 있는 수열은 많다. 그 값이 되기 위해서는 수열의 계산이 길어지기는 하지만 가장 간단한 것 중 하나가 $(1-1/3+1/5-1/7+1/9-1/11\cdots)\times 4$이다.
> - 'π'라는 명칭은 1706년 윌리엄 존스가 처음 붙였다. 존스는 영국 웨일스 앵글시 출신 농부의 아들이었다.
> - π는 전혀 원과 관련이 없는 중요한 공식에도 많이 등장한다. 뒷부분에서 확인해보자.

동물에게는 왜 바퀴가 없을까

원은 자연계에서 중요한 위치를 차지하는데도 원이 존재하지 않는 곳이 있다. 우선 원이 가장 유용하게 이용된 곳은 인간의 위대한 발명품인 바퀴이다. 왜 바퀴는 원일까? 원은 일정한 지름을 가지고 있기 때문에 아주 부드럽게 이동할 수 있다. 그러나 원이 일정한 지름을 가진 유일한 모양은 아니다. 정삼각형을 그리고 한 꼭지점에서 다른 두 꼭지점과 만나는 원의 호를 그려보자. (세 꼭지점에서 모두 그렇게 호를 그려보면) 일정한 지름을 가지게 된다. 이 모양은 롤러처럼 쓰일지도 모르겠다. 하지만 바퀴로 사용할 수는 없는데 바퀴에는 축이 필요하기 때문이다.

원이 일정한 지름을 가진 모양이라는 것 이외의 특징은 원주 위에 있는 모든 점에서 같은 거리에 중심이 있다는 점이다.

즉, 원은 늘 같은 위치에 있는 축이 있다. 삼각형 모양의 바퀴라면 그 축이 위 아래로 움직여 실용성이 없을 것이다. 바퀴의 가장 큰 이점은 에너지를 낭비하지 않는다는 것이다. 땅바닥 위에서 돌을 밀면 바닥과 마찰을 일으킨다. 하지만 바퀴는 바닥과 마찰을 일으키지 않는다. 구르는 바퀴가 바닥과 닿는 순간이 아주 잠깐이기 때문이다.

그렇다면 이렇게 유용한 바퀴가 동물의 신체 구조에 없는 까닭은 무엇일까? 왜 캥거루는 오스트레일리아 사막을 두 바퀴가 아닌 두 다리로 뛰면서 힘을 들이는 걸까? 가장 큰 이유는 바퀴가 축을 필요로 한다는 것이다. 바퀴가 몸의 한 부분이 되려면 동물도 축이 필요하다. 이 축들은 근육과 혈관을 함께 옮겨야 하는데 바퀴가 두 번만 회전하고 나면 끔찍하게 꼬일 것이다.

한편 바퀴가 잘 구른다는 특징은 새알의 경우에도 적용된다. 모든 알은 횡단면이 원형인데 네모진 알을 낳는 것은 새에게 너무나 고통

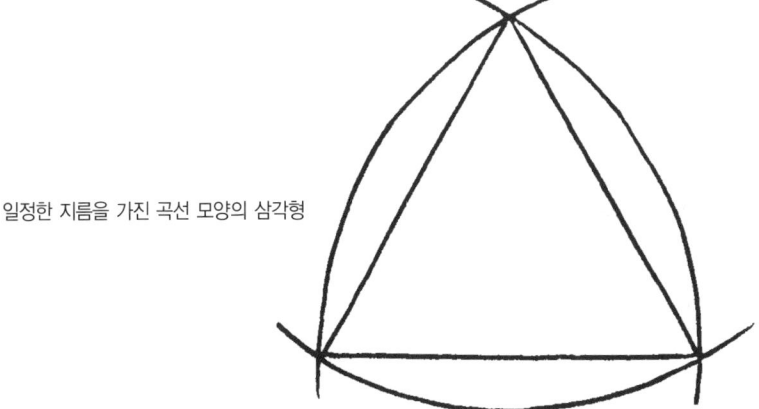

일정한 지름을 가진 곡선 모양의 삼각형

스러운 일이기 때문이다. 또 어미 새의 몸에서 너무 빨리 굴러 떨어지지 않도록 알은 완전한 구형이어도 안 된다. 마룻바닥에서 조심스럽게 달걀을 굴려보면 원 비슷한 모양을 그리면서 부메랑처럼 되돌아오는 것을 볼 수 있다.

50펜스 동전은 왜 변이 일곱 개일까?

3각형, 5각형, 7각형 등과 같이 변이 홀수 개인 정다각형은 지름이 일정한 모양이다. 50펜스는 일곱 개의 둥근 변으로 되어 있는 일정한 지름을 가진 동전이다.

이것은 동전이 어떤 방향으로 자동판매기에 들어가더라도 50펜스가 체크된다는 것을 의미한다. 만약 변이 짝수 개인 동전이라면 불가능할 것이다. 지름이 일정하지 않을 테니 말이다. 현대에 사용되는 동전이 원이나 변이 홀수 개인 것은 이런 이유 때문이다.

벌집과 육각형

원이 이상적이지 않은 곳이 또 하나 있다. 원이 가장 효과적인 원주율을 가지고 있을지는 모르지만 여러 개의 원을 붙여보면 원과 원 사이에 빈 공간들이 생긴다.

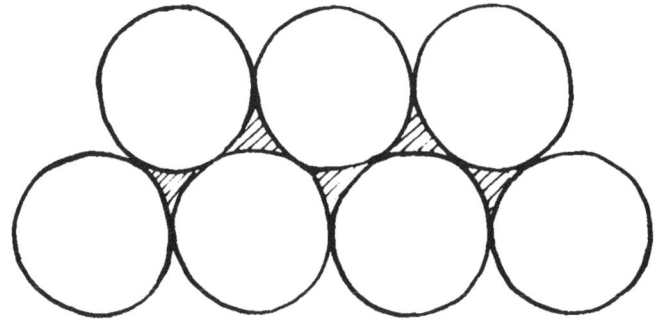

모여 있는 원에는 빈 공간이 생긴다

틈을 잘 메워넣는 것과 힘은 자연계에서 중요하게 여긴다. 벌집의 경우가 그렇다. 여러 개의 원통을 붙여 그림과 같이 배열하고 압력을 주면, 원들은 6각형의 꽉 짜여진 그물망으로 모양이 변한다. 벌집이 이 모양인 것은 우연이 아니다. 원으로 방을 만들어야 튼튼하지만 벌은 공간과 벌집의 재료인 밀랍을 낭비해서도 안 된다. 이 두 가지를 모두 만족시키는 것이 6각형이다.

정다각형은 면의 수가 많으면 많을수록 즉, 다각형의 차수(order)가 높아질수록 둘러싸이는 면이 더 넓어진다. 6각형이 4각형, 3각형보다는 더 나을지 모르지만 7각형, 10각형이나 원보다는 좋지 않다. 하지만 바닥에 타일을 깔 때 빈틈없이 메울 수 있는 정다각형 중 가장 높은 차수는 6각형이다. 즉 6각형은 최소의 재료로 가장 튼튼하게 만들 수 있는 구조물이라는 것을 알려준다.

복잡한 자연의 순환

이제 마지막으로 벌집의 6각형이 가지고 있는 신비로운 사실을 알아보자.

그림에 있는 벌집의 각 방마다 A, B, C, D, …로 기호를 붙였다. 여왕벌이 두 줄로 된 방을 찾아간다고 생각해보자. 이때, 여왕벌은 언제나 왼쪽에서 오른쪽으로 이동한다고 가정한다. A에서 출발하여 B로 가는 길은 한 가지뿐이다. 그리고 왼쪽에서 오른쪽으로 움직여 C까지 가는 방법은 A에서 C로 가거나 A에서 B를 거쳐 C로 가는 방법 두 가지가 있다. 그럼 D까지 가는 길을 생각해보자. A-B-D, A-C-D, A-B-C-D 이렇게 세 가지 방법이 있다. E까지 가는 방법은 다섯 가지, F까지 가는 방법은 여덟 가지이다. 1, 2, 3, 5, 8, …의 숫자 배열이 나타난다. 또 피보나치 수열이 보인다. 이것은 모든 것이 결국은 처음으로 되돌아간다는 당연한 이치일 것이다.

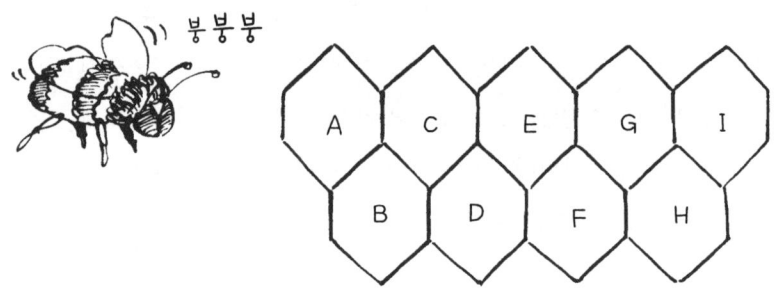

기차 바퀴의 비밀

움직이는 기차에는 언제나 정지되는 부분이 있다는 사실을 아는가? 그리고 기차가 움직이는 방향과 늘 반대 방향으로 움직이는 부분도 있다는 사실은?

움직이지 않는 부분은 바퀴가 기차 레일과 닿는 곳이다. 뒤로 가는 부분은 레일보다 아래쪽에 오는 바퀴 테두리의 일부분이다.

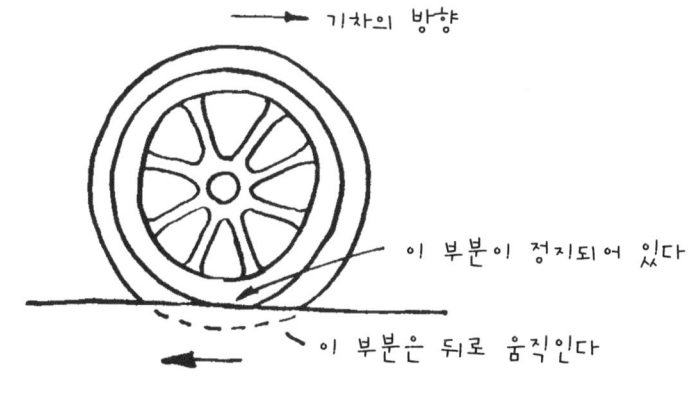

02 어느 길로 갈까? _집배원에서 택시 운전사까지

리투아니아와 폴란드의 경계인 발틱 해에는 칼리닌그라드 오블라스트라는 러시아의 한 지역이 있다. 이곳은 제2차 세계대전 이후 성급하게 지어진 값싸고 형편없는 아파트촌과 함께 음산함을 풍기는 항구도시이다. 칼리닌그라드는 제2차 세계대전 때 연합군의 폭격과 러시아군의 침략으로 초토화되어 지금은 아름다운 프러시아 도시, 쾨니히스베르크(칼리닌그라드의 옛 이름)의 옛 모습을 거의 찾아볼 수 없다. 이는 건축에 관심이 많은 사람이나 과거에 대한 향수가 있는 수학자들에게는 슬픈 일이다. 위대한 수학자 오일러가 위상수학과 그래프 이론에 기여한 수수께끼를 풀었던 것이 18세기 쾨니히스베르크의 다리 덕분임을 생각하면 더욱 그렇다.

쾨니히스베르크는 프레겔 강의 제방 위에 만들어진 도시였다. 옆의 그림에서처럼 일곱 개의 다리는 두 섬과 강의 제방을 연결하고 있었다.

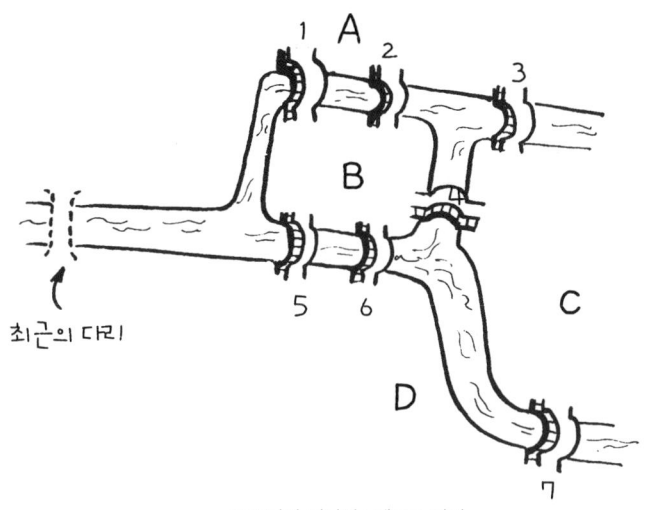

1763년의 쾨니히스베르크 다리

 사람들은 이곳에서 다리 건너기 놀이를 즐겼는데, 어떤 다리도 한 번 이상 건너지 않고 모든 다리를 건너는 놀이였다. 당시 이 지방에 사는 사람들은 뭔가를 즐길 줄 아는 사람들이었나 보다.
 이 일은 간단해보이지만 꽤나 복잡했다. 앞쪽에 있는 그림을 보며 다리를 건너가보자. '1, 2, 3, 4, 5, 6, … 이런! 1, 5, 7, 4, 2, 3, … 쯔쯔!'
 사실 어느 누구도 이 수수께끼를 풀지 못했다. 오일러도 이 이야기를 들었을 때 당황한 나머지 답이 없다는 것을 증명하기 시작했다. 쾨니히스베르크 사람이 일요일 오후에 산책하면서 느꼈을 좌절감을 생각해보라.
 오일러는 다리 지도를 그림과 같이 선으로 나타난 네트워크로 문제를 분석했다. 이 네트워크는 점들을 선으로 연결해 모아놓은 것이다. 언뜻 보아서는 이 그림이 앞에 있는 지도와 다르게 보일 수도 있다.

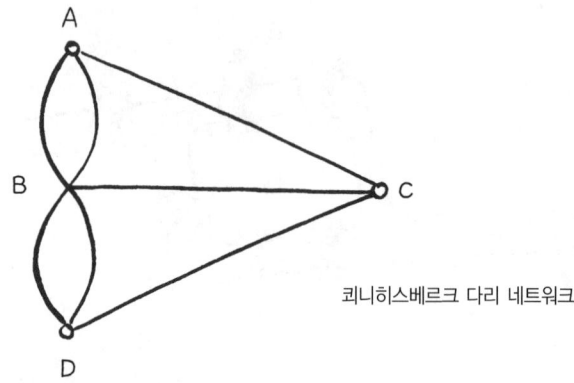

쾨니히스베르크 다리 네트워크

하지만 수학용어로 표현하면 그 둘은 분명히 동치다. 다시 말하면 위상적으로 동치다(다음에 나오는 상자 참조).

A, B, C, D로 표시된 점들은 북쪽과 남쪽에 있는 둑(A, D)과 섬(B, C)을 나타낸다. 선은 A, B, C, D를 연결하는 길이나 다리들이다. A와 B를 연결하는 다리는 두 개이고, B와 D를 연결하는 것 두 개, B와 C를 잇는 다리는 한 개, A와 C, C와 D를 연결하는 다리는 각각 하나씩이다.

오일러는 여기에서 점, 즉 교점을 짝수점이나 홀수점으로 설명했다. 홀수 개 선들의 교점은 홀수점, 짝수 개 선들의 교점은 짝수점이다. 오일러는 쾨니히스베르크뿐만 아니라 네트워크에 대해서 많은 연구를 하였고 다음을 증명하기에 이르렀다.

모든 길을 딱 한 번 건너는 길은 홀수점이 없거나 2개일 때만 가능하다. 그렇지 않으면 네트워크는 두 번 되돌아가는 길이 생기게 된다.

그리고 그는 발견했다. 홀수점이 2개라면 네트워크는 두 홀수점 중 하나에서 시작하여 다른 점에서 끝난다.

드디어 쾨니히스베르크의 수수께끼를 푼 것이다. 네 개의 점 A, B, C, D는 홀수점이다. 그러므로 오일러의 첫번째 규칙에 따르면 다리를 한 번씩만 건너서 쾨니히스베르크를 한 바퀴 돌 수 있는 방법은 없었다.

19세기 후반에는 이곳에 마지막 여덟 번째 다리가 만들어졌다. 다리를 놓은 이유가 쾨니히스베르크에 관광객을 유치하려는 의도였는지, 교통량이 갑자기 늘었기 때문인지는 모르겠지만 분명한 것은 쾨니히스베르크가 '오일러화' 되었다는 것이다. 건너온 다리를 두 번 건너지 않고 모든 다리를 건너는 것이 비로소 가능해졌다. 이것이 가능한 이유는 홀수 개의 길이 교차되는 지점이 두 개로 줄었기 때문이다. 오일러의 두 번째 규칙에 의해 출발지와 도착지가 다르긴 해도 말이다.

애석하게도 그 다리들은 1944년에 폭격을 받아 대부분 없어져버렸다. 그런데 지도를 보면 아래 그림과 같이 도시의 중앙은 그대로인 상태에서 5개의 다리가 재건축된 것을 볼 수 있다.

칼리닌그라드는 다시 오일러화된 것 같다. 예를 들면, B - C - A -

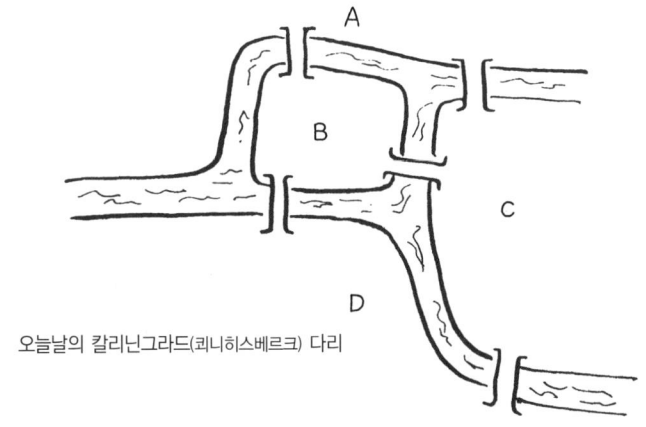

오늘날의 칼리닌그라드(쾨니히스베르크) 다리

B-D-C의 길로 여행을 할 수 있으니 말이다. 러시아 사람들은 이것을 생각하고 다시 건설했을까?

런던의 지하철은 실제로 무엇처럼 보일까?

특별히 전문적으로 알지는 못해도 누구나 위상수학을 경험하고 있다. 그 사실은 런던의 지하철 노선도를 통해 알 수 있다. 이 노선도는 잘 만들어져서 어떤 여행객도 지하철을 이용하는 데 어려움을 느끼지 않는다.

"옥스퍼드 광장까지 갈색 선을 탄 다음 파란 선으로 갈아타고 빅토리아까지 두 정거장을 가십시오."

선로가 곧고 역 사이의 간격이 일정해보이는 이 깔끔한 철도망은 그러나 지하철의 실제 설계와는 거의 같지 않다. 일반 지도에 있는 지하철 노선을 따라 그려보면 그 모양이 뿔뿔이 흩어져 있는 다리와 오른쪽 몸통이 잘려나간 보기 흉한 거미를 닮았다는 것을 알게 된다. 하지만 여행객들에게 문제가 되는 것은 역의 순서와 환승역이다. 마치 실제 지도가 고무 위에 그려져 좀더 보기 편리한 모양이 될 때까지 잡아당기고 억지로 우겨넣은 것 같다. 그것이 '위상수학'이다.

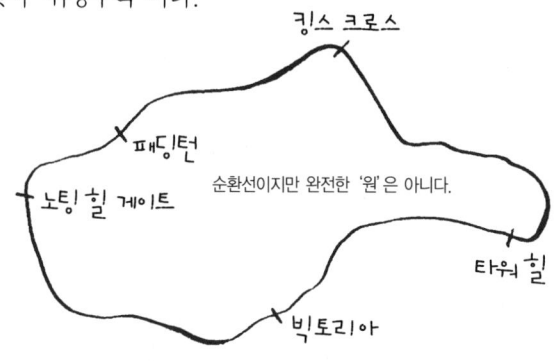

순환선이지만 완전한 '원'은 아니다.

집배원은 한 번만 지나간다

쾨니히스베르크 사람들은 오일러의 순회를 그저 재미로만 생각했다. 하지만 한 번 건넌 다리를 다시 건너지 않는 일을 심각한 문제로 생각하는 사람들도 있었다.

집배원이나 가스 검침원은 왔던 길을 다시 지나가지 않으면 시간을 효과적으로 절약할 수 있다.

효율성은 오늘날에도 매우 중요하게 생각하는 것이다. 그래서 많은 경영자들은 오일러의 도움으로 지름길을 찾으려 한다. 이스라엘에서 있었던 일화이다. 이스라엘의 대표적인 가스 회사에서는 가스 검침의 효율성을 높이고 싶었다. 한 지방의 가스를 검침하려면 각각 한 구획씩 책임질 검침원 24명이 필요했다. 경영자는 필요한 인원을 줄이는 방법을 찾기 시작했다.

이 문제를 연구하던 사람들은 거리 교차점을 홀수 개에서 가능한 한 많이 짝수 개로 바꾸는 도로 정비를 계획하였다. 그 결과 그 지방 전체를 도는 시간을 40%나 줄였다. 지금은 가스 검침을 하는데 15명만 있으면 된다. 그렇다면 나머지 9명은 분명히 오일러가 쾨니히스베르크를 발견했던 날을 저주하고 있을 것이다.

안내원이 동반하는 여행 상품을 만드는 여행사에서도 오일러의 순회에 관심이 있을 것이다. 복잡한 도심에서 안내원은 여행객들을 데리고 왔던 길로 다시 가려고 하지 않는다. 만약 두 줄로 지나갈 수 없을 정도로 좁은 복도가 있는 큰 저택을 관람하는 경우라면 문제는 더 심각해진다. 하지만 그렇게 관람해야 하는 저택에는 반드시 한 가지 길만 있다. 가이드들이 사용하는 문은 한 방향으로 나 있고, 문들은 반드시 닫혀 있다.

   도로 청소차의 경우는 문제가 더 복잡하다. 이 차들은 도로 양쪽에서 하수도 청소가 끝난 뒤 똑같은 길로 다시 내려와야 한다. 만약 일 방통행 길이라면 말할 것도 없지만 이 모든 문제는 오일러 법칙이 변형된 형식을 이용하여 해결할 수 있다.

한붓그리기

이 퍼즐은 아이들에게 잘 알려진 것이다. 오른쪽은 어떤 농장의 문을 그린 것이다. 연필을 한 번도 떼지 않고 왔던 길을 다시 가지도 않고 이 그림을 그릴 수 있을까?

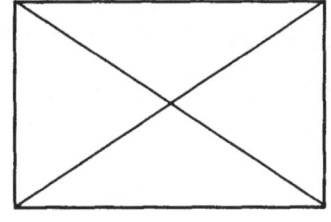

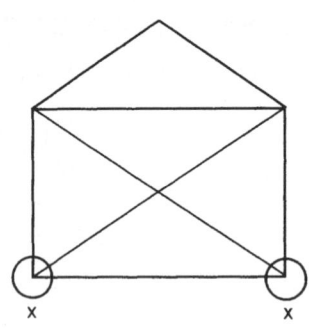

이제 오일러의 법칙을 알고 있는 우리는 홀수점이 4개 있기 때문에 한 번에 그리는 것이 불가능하다는 것을 증명할 수 있다. 하지만 위 그림을 왼쪽 그림처럼 바꿔보자. 두 개의 홀수점 중 한 점(×)에서 시작한다면 한붓그리기가 가능해진다.

세일즈맨의 출장길

미화원이나 집배원, 관광 안내원들은 될 수 있으면 같은 길을 두 번 가지 않으려고 한다. 이것은 그들이 오일러의 순회를 찾고 있다는 것을 의미한다. 또한 해밀토니안 순회로 알려진 약간 다른 형태의 것이 있는데, 이는 모든 교점은 한 번씩 지나야 하지만 모든 길을 지나갈 필요는 없는 방법이다.

예를 들어보자. 마크는 방직공장을 팔려고 한다. 그가 살고 있는 주에서는 공장을 살 만한 사람이 세 명 있다. 마크는 오늘 그 세 명을 찾아가려고 한다. 그림은 마크와 세 명의 위치를 보여 준다.

마크는 한 가지 선택을 해야 한다. 세 명을 찾아가는 방법에는 ABC, ACB, BAC, BCA, CAB, CBA가 있다. 바로 해밀토니안 순회이다. 모든 점들을 한 번씩 들르게 되는 이 방법이 헤밀토니안 순회이다. 그런데 마크는 어떤 길이 가장 빠른 지름길인지 알고 싶어한다. 길에서 버리는 시간을 줄이고 될 수 있는 한 고객에게 더 많은 시간을 할애하기 위해서이다.*

세 곳을 찾아가야 할 때 마크가 이용할 수 있는 해밀토니안 순회 방법은 여섯 가지가 있다. 그 여섯 가지는 아주 간단해서 각 목적지 사이의 거리를 더해보면 가장 빠른 길을 찾을 수 있다.

순회 방법의 가짓수를 찾는 가장 빠른 방법은 도착점의 개수를 세는 것이다. 마크의 경우는 도착점이 세 개이므로 3부터 연속하는 작

---

* 일반적인 문제는 어디에서 끝나든지 어떻게 정확히 한 번에 모든 목적지를 찾아가는가이다. 하지만 마크의 경우는 일을 끝내고 집으로 돌아와야 하기 때문에 조금 특별한 경우다. 고객들을 찾아가는 길 이외에 마지막으로 한 가지 경로를 또 가지고 있으니 말이다.

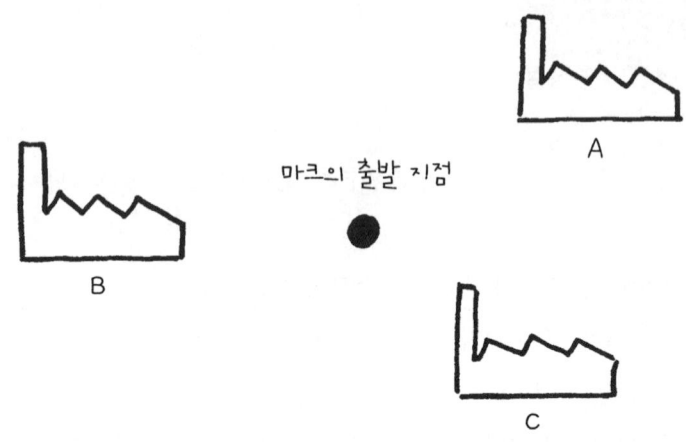

마크가 최단거리로 세 사람을 모두 찾아갈 수 있는 방법은 어떤 것일까?

은 수들을 곱한다(3×2×1). 이것을 3!으로도 나타내고 3계승(factorial)이라 읽는다. 만일 고객이 4명이라면 4×3×2×1로 24가지의 다른 순회 방법이 있을 것이다.

찾아가야 할 고객이 10명이라고 생각해보자. 그러면 가능한 순회 방법은 10!=3,628,800가지나 된다. 이 정도라면 최단거리를 찾기란 컴퓨터가 없으면 불가능할 것이다. 순회 방법의 가짓수는 기하급수적으로 늘어난다. 고객이 20명뿐이라 하더라도 순회 방법의 가짓수는 100만의 4제곱이 넘는다. 계산을 끝내려면 보통 컴퓨터로는 어림도 없다.

60명에게 소포를 배달해야 한다면 선택 범위는 얼마나 천문학적이겠는가? 그러니 느낌표는 팩토리얼을 나타내기에 꼭 맞는 표시 같다.

이렇게 오일러의 순회와는 다르게 해밀토니안 순회에서 가장 짧은 거리를 찾는 문제는 간단해보이지만 실제로 계산은 꽤 복잡하다. 작은 수일 때도 팩토리얼 계산이 너무 커지기 때문이다. 사실 수학자들도 세일즈맨이 이동하는 방법에 대한 문제(일반적으로는 '마크의 문제'로 알려져 있다)에서 최단거리를 확실히 찾을 수 있는 일반적인 해법은 아직 발견하지 못했다.

　최단거리를 찾는 것은 세일즈맨뿐만 아니라 호프집에서 맥주를 배달하는 사람이나 환자를 왕진해야 하는 의사, 몇 가지 물건을 사러 여러 곳을 다녀야 하는 사람들도 생각해볼 문제다. 하지만 사람들 대부분은 자동차 기름이나 시간을 약간씩은 낭비하면서 살고 있다.

　다행스럽게도 최단거리를 찾는 데 전혀 가망이 없는 것은 아니다. 최적에 가까워보이는 길을 따라갈 수 있게 해주는 여러 방법이 있다. 그 방법 중 하나는 감각이다. 10개의 목적지를 두고 한 길을 선택했다면 그 길이는 최단거리의 20% 내에 있을 것이다.

　정확성을 더 하기 위해서는 컴퓨터가 필요하다. 비록 설명하기가 쉽지는 않지만 컴퓨터 프로그래머들이 이용하는 기술은 많다. 그중 가장 간단한 것은 그리디 알고리즘(greedy algorithm)에서 출발한다. 아래 그림을 보자.

　컴퓨터는 가장 가까이 있는 두 점을 찾아내어(이 경우에는 D와 E) 연결한 다음 두 번째로 가까이 있는 점(A와 D)을 찾아 연결한다. 어느 순간 가까운 두 점을 연결한 것이 폐곡선이 된다는 것을 감지하면—앞에서 연결한 세 점 다음으로 A와 E를 연결하는 경우와 같

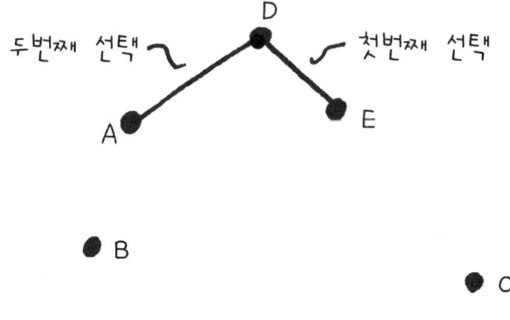

A, B, C, D, E를 잇는 최단거리 찾기

2. 어느 길로 갈까? 37

이—컴퓨터는 즉시 그 선택을 중단하고 그 다음으로 가까운 점(A와 B)을 찾는다. 이런 작업은 모든 점들이 서로 연결되어 순환이 완전해질 때까지 계속된다. 이 방법이라면 대부분의 네트워크에서 최단거리의 10% 이내에 있는 결과를 얻을 수 있을 것이다. 하지만 이것도 최단거리를 찾을 수 있는 확실한 방법은 아니다.

컴퓨터가 최단거리를 찾는 방법은 지금까지도 연구되고 있다. 새로운 기술은 속속 등장하고 있는데, 지금은 DNA를 이용한 생물학적 컴퓨터가 네트워크 문제를 해결하는 데 매우 효과적인 방법을 제공할 것이라는 희망을 가지고 있다. 하지만 수학자들은 실용적인 면과는 상관없이 이 문제를 완전하게 풀 수 있는 순수성을 더 좋아한다. 이것이 세일즈맨의 출장 경로 문제에 아직까지 도전하고 있는 이유이다.

스털링의 굉장한 근사값

18세기에 제임스 스털링은 N!(N팩토리얼)을 계산할 수 있는 대단한 공식을 만들었다.

$$\sqrt{2\pi}\ N^{(N+\frac{1}{2})}\ e^{-N}$$

이 공식에는 두 가지 재미있는 점이 있다. 첫번째는 놀라울 정도로 정확하다는 것이다. 10 이상의 팩토리얼 값은 정확도가 99%이다. 두 번째는 어떤 이유로든 수학에서 아주 중요한 수인 π와 e(209쪽 참조)를 이용한다는 것이다.

미 로

미로는 고대 그리스 시대부터 있었는데 오늘날에는 아주 일반적인 것이 되었다. 영국에서 가장 유명한 미로는 17세기 후반으로 거슬러 올라가는 햄프턴 궁전인데 그 미로는 그림과 같다.

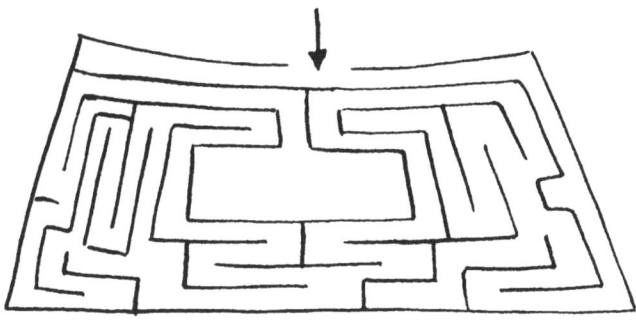

미로는 '간단하게 연결된 것' 과 '복잡하게 연결된 것' 으로 구분할 수 있다. 햄프턴 궁전은 간단하게 연결된 것이다. 이런 미로에서는 한 손을 한 쪽 벽에 대고(오른쪽 벽인지 왼쪽 벽인지는 선택한다) 그 손을 벽에서 절대 떼지 않고 계속 걸어가면 빠져나올 수 있다. 이 방법이 미로 중앙까지 가는 최단거리를 보장하지는 않지만 결국엔 그곳에 도착할 수 있게 한다.

복잡하게 연결된 미로는 구획이 서로 분리되어 있다. 즉, 어떤 벽도 다른 구획을 공유하지 않는다. 이 미로에서는 단순히 손만 의지해서는 미로의 중앙까지 갈 수 없다. 이 복잡하게 연결된 미로를 빠져나갈 수 있는 일반적인 방법으로 19세기 후반 이후에 알려진 것이 있는데, 여기서 설명하기에는 너무 길다.(어쨌든 그 방법은 좀 재미가 덜 하지 않을까?)

파스칼 삼각형과 맨해턴의 택시

아래에 있는 삼각형 모양의 그림을 '파스칼 삼각형'이라 하는데 일반적으로 중등학교 저학년 때 배우는 수 체계이다.

$$
\begin{array}{c}
1 \\
1 \quad 1 \\
1 \quad 2 \quad 1 \\
1 \quad 3 \quad 3 \quad 1 \\
1 \quad 4 \quad 6 \quad 4 \quad 1 \\
1 \quad 5 \quad 10 \quad 10 \quad 5 \quad 1 \\
\vdots
\end{array}
$$

삼각형 안에 있는 수를 계산하는 방법은 바로 위에 있는 두 수를 더하는 것이다(양쪽 끝에 있는 1을 제외하고).

파스칼 삼각형은 실제로 일상생활에서 자주 볼 수 있다. 맨해턴 거리도 파스칼 삼각형을 보여주고 있다. 바둑판 모양의 도로망에서 택시 운전사는 목적지까지 가장 빨리 도착할 수 있는 길을 택해야 할 것이다. 예를 들면 옆의 그림과 같은 길을 지나서 A에서 B지점까지 가려고 할 때 선택할 수 있는 길은 네 가지이다. 이때 네 길의 거리는 똑같다.

만약 2×2 바둑판 모양의 도로를 가로질러 간다면 택시가 갈 수 있는 최단거리의 길은 여섯 가지이고 그 길이는 네 구간만큼이다.

실제로 최단거리의 길이 되는 경우의 수는 파스칼 삼각형에서 나오는 수다. 아래 그림의 점 A(아메리카스 거리와 35번가가 만나는 지점)에서 다른 교차점까지 가는 길의 가짓수를 찾아보면 확인할 수 있다.

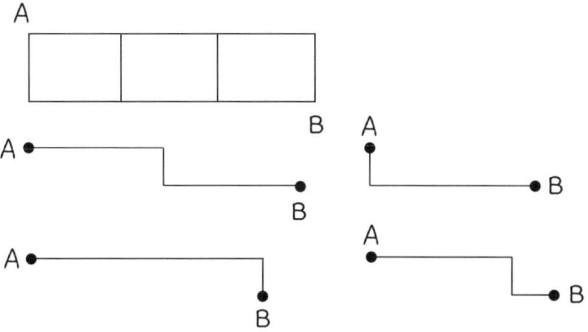

이처럼 도시의 도로망이 직사각형 모양일 때 선택할 수 있는 길의 가짓수는 파스칼 삼각형이 된다. 1장에서 본 것처럼 육각형일 경우에는 피보나치 수열이 된다는 사실도 기억하자.

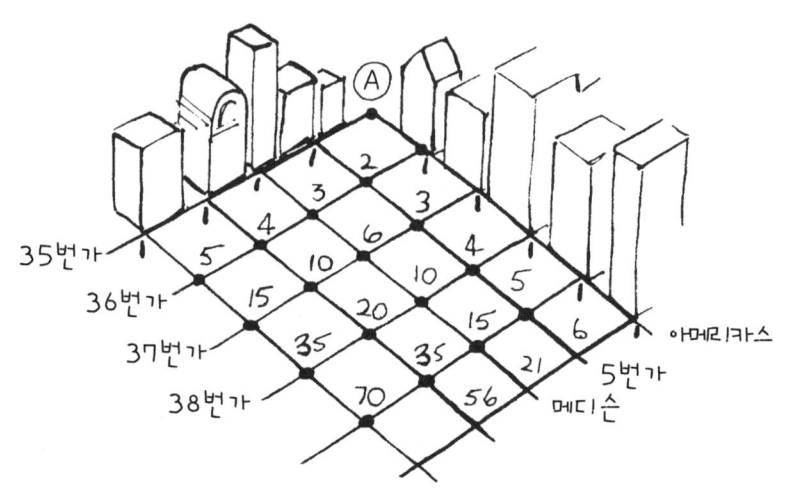

03 시청률, 믿거나 말거나? _통계자료의 불확실성

공식 발표한 통계에 따르면 1998년 10월 15일에 2,400만 명이 '프렌즈'(Friends : 뉴욕에 사는 여섯 친구의 사랑과 우정을 코믹하게 그린 청춘 시트콤)를 시청했다고 하는데, 이는 미국 인구의 1/10이나 되는 대단한 수치다.

잠깐! 그런데 어떻게 알았을까? 그 많은 사람들에게 '프렌즈'를 봤느냐고 일일이 물었을 리도 없고, 온 국민의 집을 엿보는 스파이라도 있단 말인가? NBC에 얼마나 많은 텔레비전 수상기가 공중파를 끌어들이고 있는지 감지하는 특별한 장치라도 있는 걸까? 다행히 감시자가 우리를 지켜보는 것은 아니다. NBC가 시청률을 알 수 있었던 것은 수학 덕분이다. 2,400만이라는 숫자는 바로 '표본추출'이란 수학을 통하여 나온 것이다.

표본추출이란 일부 사람들에게 질문을 하여 얼마나 많은 사람들이 무엇을 하고 있는지 짐작해보는 방법이다. 솔직히 말하면 표본추출

이 모든 사람에게 적용되는지의 여부는 보장할 수 없다. 만약 NBC가 시청자 수를 정확히 알고 싶다면 방법은 딱 한 가지, 날을 정해 집집마다 모니터링하는 수밖에 없다. 하지만 여기에 들어가는 비용을 생각하면 거의 불가능한 일이다. 과연 정확한 값이 필요할까? 만약 시청자 수가 실제로 2,400만이 아니라 2,300만이라 해도 이 프로그램은 계속 방영될 것이다. 그렇다고 우리가 매일 접하는 많은 통계 자료들이 정확성을 위해서 수정되어야 한다는 것은 아니다.

여기서 중요한 사항은 표본을 정하는 일이다. 먹고, 보고, 여행하고, 생각하는 모든 것들을 조사하는 회사가 수천 개나 있다. 이들은 어떻게 표본추출을 하는 걸까?

2억 5,000만 명 중 일부에게만 질문을 해도 설문에 대한 올바른 결과를 얻을 수 있다. 표본집단이 가능한 한 크고 어느 쪽으로도 치우치지 않는 인구비로 구성되어 있다면 결과는 더 정확할 것이다. 하지만 무엇보다도 응답자들이 진실해야 한다.

수학의 거짓말

대부분의 여론조사에서 응답자들이 거짓말을 할 특별한 이유는 없다. 만일 누군가가 당신에게 지난 주에 콩 통조림을 샀는지 물었을 때 거짓말을 할 이유가 있겠는가. 비록 기억력이 시원치 않아 정확하지 않을지는 몰라도 말이다.

그러나 조사원들은 간혹 사람들이 거짓말을 할 수 있다는 사실을 무시한다. 수입이나 성생활, 최근에 크게 대두되는 정치 이슈 등에 대해서 질문했을 때 응답자들의 대답을 늘 의심해보아야 한다. 1992년 영국의 총선 여론조사는 리서치 회사들을 당황하게 했던 일로 유명하다. 투표 당일까지 실시했던 여론조사 결과는 노동당의 승리였다.

하지만 그 조사에서 수치상으로 결정적인 오류를 그냥 보고 넘겼다는 사실을 아는 사람은 거의 없었다. 노동당 사람들은 자신들이 지지하는 사람이 누구라고 말하는 것을 좋아했던 반면 많은 보수당 사람들은 사실을 말하기 꺼려했기 때문이다. 보수당 사람들은 자기들이 보수당을 지지한다고 하면 이기적이고 구태의연하다는 소리를 듣지나 않을까 하고 생각했다. 그래서 일부 보수당 유권자들은 노동당을 찍겠노라고 말했고 일부는 설문에 응하지 않았다. 이로써 여론조사 결과가 틀리다는 것은 예정된 일이었다. 결국 마지막 투표 결과가 발표되었을 때 보수당은 아주 큰 차로 선거에서 이겼다.

그러나 모든 거짓말이 다른 사람을 속이려는 의도인 것만은 아니다. 사람들은 어떤 사실을 결정하는 것이 곤란할 때 가끔 자기 자신조차 속이는 거짓말을 한다. 이런 사실은 TV시청률에도 적용된다. 설문을 하는 도중 자신이 지난 한 주 동안 35시간이나 TV를 보았다는 사실을 알게 되어도 TV를 끼고 사는 사람이라는 것을 인정하고 싶지 않을 것이다. 그러면 결국 '21~30시간' 란에 체크한다.

여론조사의 응답들이 정확하지 않다는 것을 수학적으로 확실하게 증명해보였던 일이 몇 년 전에 있었다. 남성과 여성을 대상으로 한 성 관념에 대한 조사였다. 이 조사에서 응답자들은 "이제까지 몇 명의 이성과 성관계를 했습니까?"라는 질문을 받았다. 남성들은 평균 3.7명, 여성들은 1.9명이었다. 이 조사에 임했던 표본집단의 수는 충분히 많았고 대표적이었기 때문에 질문에 대한 대답의 결과는 똑같아야 했다. 즉, 한 남성이 한 여성과 관계를 갖는다면 그 여성 또한 같은 남성과 관계를 가지므로 상대의 수가 같아야 한다. 결국 조사자들이 내린 결론은 남성은 자신이 몇 명과 성관계를 가졌는가를 과장하는 경향이 있는 반면 여성은 줄여 얘기하고 싶어한다는 것이다.*

통계 전문가들에게는 거짓말 때문에 여론조사가 왜곡되는 사례를 찾아 제거할 수 있는 기술연구가 필요하다.

난처한 질문에 대한 답을 얻을 수 있게 하는 수학적인 방법을 만든 적도 있다. 베트남 전쟁 당시 미국은 얼마나 많은 군인들이 마약을 하는지 알아야 했다. 마약 복용 소문이 파다했기 때문에 사실 확인은 중대한 일이었다. 하지만 제정신인 군인이라면 누가 마약을 한다고 말하겠는가? 그렇다면 조사자들은 어떻게 사실을 밝힐 수 있었을까? 바로 다음과 같은 방법을 사용했다.

조사자들은 세 장의 카드가 들어 있는 봉투를 가지고 가서 카드를

---

* 남성은 과장하고 여성은 적게 말하고 싶어한다는 식의 결론만이 유일한 해석은 아니다. 여성이 그 경험을 쉽게 잊어버린다는 의견도 있다.

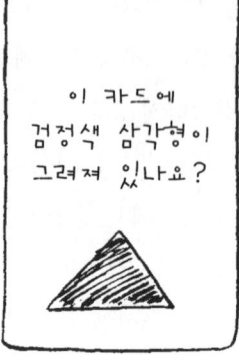

병사에게 보여준다. 세 장에는 이렇게 써 있다.

병사에게 봉투에서 아무 카드나 한 장을 꺼내라고 한다. 그 카드가 어떤 것인지는 조사자에게 보여주지 않는다. 그러고 나서 카드의 질문에 대한 답을 '예/아니오'로 표시하게 한다.

'예'라고 대답한다면 그 병사는 검정색 삼각형이 있는 카드를 집었거나 약물 복용에 대한 질문이 있는 카드를 뽑아 사실을 인정하는 대답을 한 것이다. 하지만 조사자가 그 둘 중 어떤 것인지 알 길이 없기 때문에 병사에게 죄가 있다고 할 수 없다. 따라서 병사는 좀더 정직한 대답을 하게 된다.

이제 계산만 잘 하면 된다. 위와 같은 방법으로 1,200명에게 질문한 결과 '예'라고 답한 병사가 560명이라고 하자. 평균적으로 1,200명 중 400명은 삼각형이 있는 카드를 꺼내고 400명은 삼각형이 없는 카드를, 400명은 약물 복용에 대한 질문이 있는 카드를 집어낸다. 이는 560명의 '예'라는 대답 중 약 400명은 삼각형에 대한 질문에 답한 것이고 나머지 160명은 약물 복용에 대한 답이라는 것을 의미한다. 결과적으로 400명의 40%인 160명의 병사가 약물 복용을 했다는 것이다.

이것은 조사자들이 하는 일을 단순화하여 계산해본 것이다. 이 방법으로 조사한 후, 전쟁 동안 많은 병사들이 불법 약물을 복용했다는 사실이 드러났다.

트루먼이 낙선했을 때

1948년 총선 때 갤럽에서 시행한 선거 전 투표조사는 황당하게 틀린 여론조사로 유명하다. 그 투표조사에 따르면 톰 드웨이가 해리 투르먼을 여유 있게 누른다고 했다. 하지만 결과는 트루먼이 200만 표 이상의 차로 당선되었고 모든 정치 예견자들은 몹시 당황해했다.

이 사건에 대해서는 다양한 분석이 있다.

그중 한 가지는 마지막 여론조사와 선거일 사이 2주 동안 유권자들이 마음을 바꾸었다는 것이다. 또 하나는 사람들이 말한 것과 실제로 투표용지에 기표한 것이 달랐다는 분석이다. 이것을 거짓말이나 단순히 바라는 바였다고 여긴다 해도 분명히 예견된 결과이다.

1992년 영국에서도 이런 일이 있었다. 이때 모든 여론조사는 보수당이 적어도 4.5% 차로 승리할 것이라고 오산했다. 최종 결과는 여론조사원들이 자기들의 실수가 있을 경우를 대비해서 만들어놓은 오차 범위도 훨씬 넘어섰다.

	공화당	민주당	기타
여론조사	40%	36%	18%
투표 결과	43%	35%	18%

충분히 많은 사람들에게 질문했을까?

'최근 조사에 따르면 고양이를 키우는 사람들의 80%는 고양이가 퍼리퍼스 과자를 더 좋아한다고 합니다.'

고양이를 키우는 사람이 이 광고를 듣는다면 가게에 갔을 때 한 번쯤은 퍼리퍼스 과자를 사고 싶을 것이다. 하지만 이 조사가 실제로는 고양이를 키우는 사람 10명에게서 얻은 결론이라는 사실을 알게 된다면 영향을 훨씬 덜 받게 된다.

고양이를 키우는 사람 10명으로 구성된 집단에서 퍼리퍼스 과자를 선호하는 이가 정확히 8명씩 있을 것이라는 생각은 확대해석이다. 사실 조사자들이 이 조사를 계속한다면 결과는 달라질 것이다. 그 결과가 20%, 50%, 30%, 0%, 80%로 나온다면 마지막 조사 결과를 보고 '최근 조사에서 80%가 퍼리퍼스 과자를 좋아했다'고 말할 수도 있다.

가능한 한 많은 사람을 대상으로 한 조사 결과가 더 정확하다는 것은 누구나 알고 있는 사실이다. 조사 대상자가 10명보다는 100명일 때, 100명보다는 1,000명일 때 훨씬 더 정확해진다. 전체 인구가 조사에 참여한다면 말할 것도 없지만.

그러면 얼마나 많은 표본이 있어야 만족할 수 있을까? 그것은 충분하다고 생각하는 정도에 따라 그리고 조사하는 대상이 무엇인가에 따라 달라진다. 많은 여론조사 가운데 어떤 광고를 얼마나 많은 사람들이 보는가를 알아보는 것과 같은 조사는 설문에 응한 사람이 1,000명이라면 보통 오차가 5% 이내인 정확한 결과가 나오기에 충분하다.

하지만 예외가 있다. 1930년대 미국 정부는 소아마비 백신 효능을 실험하기로 하고 450명의 아이에게 백신을 주사했다. 주사를 맞지 않은 아이들 680명(이 아이들은 테스트 집단과 같은 환경에서 태어났다.)을 통제 집단으로 모니터링을 했다. 그 후 얼마 안 있어 소아마비가 심각한 유행병으로 돌았다. 예방접종을 했던 450명은 아무도 소아마비에 걸리지 않았다. 주사를 맞지 않은 680명 중에도 소아마비에 걸린 아이가 하나도 없었다. 결과적으로 이 실험은 아무것도 증명해내지 못했다. 유행병이 심각했음에도 불구하고 소아마비의 전염률이 너무 낮았기 때문이었다. 그 실험 결과가 의미를 갖기 위해서 조사자들은 아직 소아마비에 걸리지 않은 수천 명의 표본으로 이뤄진 통제집단이 필요했다.

통계 전문가들은 조사 결과가 얼마나 믿을 수 있는 것인가를 판단하는 정확한 방법을 알고 있다. 고양이 먹이에 대한 조사에서 80%의 사람들이 고양이는 퍼리퍼스를 제일 좋아한다고 말했다고 가정해보자. 이 경우에는 정확한 수치보다는 범위로 결과를 나타내는 것이 올바로 보여줄 수 있는 통계방법이다. 고양이를 키우는 사람 1,000명을 조사했다면 통계가들은 이렇게 말할 것이다.

"참값은 77~83% 안에 있고, 이때의 신뢰성은 95%입니다."

이 문장은 오해의 소지가 많다. 따옴표 안에 있는 말이 의미하는 것은 이와 같다. "참값이 77%와 83% 사이에 있다는 것은 맞는 말이지만 스무 번의 대답 가운데 한 번은 그 범위 안에 들어 있지 않습니다."

망원경과 표본추출의 오차

수학자 가우스(Gauss, 1777~1855)는 뛰어난 천문학자이기도 했다. 그는 새 망원경을 구입하고는 달의 지름을 더 정확히 계산하는 데 사용하고자 했다. 그런데 놀랍게도 측정할 때마다 값이 조금씩 틀려지는 것을 발견했다. 그 값들을 점으로 찍어 곡선으로 연결해보았더니 종 모양 곡선이 되었다. 완전히 틀린 몇 개의 점들을 제외하고는 대부분의 값이 중간 평균치 가까이 있었다.

가우스는 측정한 값들이 오류가 발생하기 쉬운 '표본추출'이었다는 사실을 알게 되었다. 측정을 많이 하면 할수록 평균은 정확한 값에 더 가까워졌다. 그리하여 가우스는 측정값에서의 오류는 π와 e로 이루어진 복잡한 공식을 가진 곡선과 관계 있다는 것을 증명했다. 또 π와 e가 등장했다!

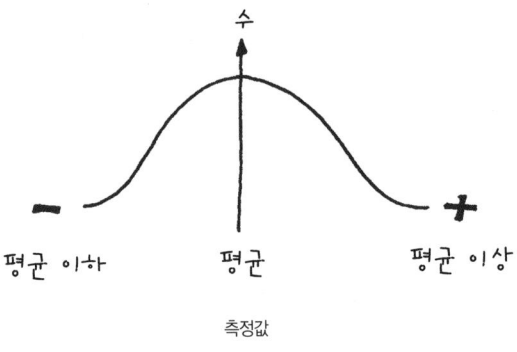

영리한 대중들은 조사 결과를 증명하기 위해 소규모 표본을 사용하는 방법에 더 이상 넘어가지 않는데도 그 방법은 계속되고 있다. 경영자문회사에서는 현 시장 경향에 대한 정기적인 조사를 통해 "수출이 성공의 열쇠라고 생각하는 회사들은 전체의 70%를 차지한다"는 식의 보도를 한다. 이 조사가 소규모 표본집단에 의해 이루어진 것이라면 차라리 "수출을 성공의 열쇠로 여기는 회사들은 전체의 50~90%라고 확실히 말할 수 있다"고 말하는 편이 더 솔직한 얘기일 것이다. 아, 물론 이렇게 말한다면 어떤 신문에도 기사화되지 않겠지만 말이다.

과연 평범한 사람이었을까?

여론조사가 끝났다. 충분히 많은 사람들을 대상으로 했고 설문 방법은 그 대답이 참임을 입증할 수 있었다. 자, 이제 완벽한 조사가 되었겠지? 하지만 안타깝게도 이것으로 조사 결과가 정확하다고 자신 있게 말할 수 없다. 조사 대상이 된 사람들이 모든 사람을 대표할 수 있는가 하는 문제가 남아 있다.

한 대규모 시장조사회사가 신상품인 콩소시지 통조림에 대한 대중들의 반응을 조사해달라는 의뢰를 받았다. 시장조사회사는 조사 지역으로 가까운 곳에 위치한 런던의 한 지역을 택하고 평균임금 수준과 고른 연령층의 사람들을 표본으로 정했다. 이는 한 가지를 제외하고는 모든 면에서 불공평하게 설정된 것이다. 우연히도 선택된 런던의 구역은 골더스 그린이었다. 골더스 그린은 독실한 유대교인들이

사는 곳으로 소시지 소비가 거의 없는 곳이었다.

　표본집단이 얼마나 큰지는 문제되지 않는다. 표본집단 자체가 어느 한쪽으로 편중되어 있다면 아무리 많은 사람들이 응답을 한다 해도 그 치우침(bias)은 사라지지 않는다. 시장조사에서 가장 필요한 기술은 모든 사람들을 대표할 수 있는 표본을 선정하는 일이다.

　무작위 표본추출을 하는 데 가장 일반적인 방법은 전화번호부 인명부에서 100번째마다 있는 사람들을 뽑는 것이다. 이 방법은 비용이 많이 들지 않고 일반 사람들에게 '어떤 시리얼 상표가 가장 잘 알려져 있는가'와 같은 조사 결과를 정확히 얻을 수 있다. 하지만 직업을 알아보는 조사에 사용하기에는 적당하지 않다. 집으로 걸려온 전화에 대고 자신이 전업 주부인지 변호사인지 제대로 말하지 않는 사람이 분명히 있지 않을까? 사실 변호사들의 긴 근무 시간을 생각해보면 집에 있는 그들과 통화할 확률은 거의 0%에 가깝다. 그리고 전화번호부에는 기재되지 않는 직업을 가진 사람들도 있다. 예를 들면 TV

뉴스 진행자 중 몇 명이 자기 이름을 전화번호부에 올려놓겠는가?

표본추출에서의 치우침은 생각지도 못했던 부분에서 발견될 수 있다. 간호사들은 환자의 맥박을 20초 동안 잰다. 그리고 1분 동안의 맥박수를 계산한다. 간호사는 표본을 만들고 있는 것이다. 그 표본이 환자의 보통 때의 상태를 대표할 수 없는 것은 당연한 일일지도 모른다. 미모의 간호사가 건강한 젊은 남성의 손목을 잡고 맥박을 잴 때는 맥박수가—특히 처음 20초 동안 잰 맥박수가—아주 다르게 나올 수도 있다. 환자가 신경질적이거나 안 좋은 소식을 들었을 경우에도 다른 결과가 나올 것이다.

치우침에 민감하게 영향을 받는 것 중에는 대중가요 순위가 있다. 아마 음반 판매량 차트도 표본추출로 만들어진다는 것은 모르는 사람이 더 많을 것이다. 전국의 음반가게 CD 판매량을 조사하는 것이 아니라 음반가게 몇 군데를 지정한다. 지정된 가게에서 팔린 음반 수를 합하고 그 결과를 일정 비율로 늘리면 전국적인 수치가 나온다.

어떤 음반점이 지정되는지 비밀에 부치는 것은 당연한 일이다. 그렇지 않으면 음반회사는 직원들을 시켜 자기 회사 음반을 사재기할 테니 말이다. 그 결과 차트에 음반 판매 기록이 올라가 보급 범위가 넓어지고, 넓어진 보급 범위는 곧 실제 판매량에 영향을 준다. 결국 대중 음악 시장에서는 판촉 활동이 생명이기 때문이다.

이런 이유로 음반회사들이 지정 가게를 찾는 스파이 활동을 한다는 얘기도 돌고 있다. 어떤 회사는 음반점에 가서 시장조사 요원처럼 이것저것 물어보는, 기발하지만 도에 지나친 방법을 사용하기도 했다고 한다. 스파이들은 이렇게 묻는다. "요사이 판매 순위 집계하는 사람이 정보를 얻어가는 방법이 맘에 드시나요?" 그 상점 직원이 무슨 말인지 못 알아듣는다면 순위 집계 지정 상점이 아니라는 것을 의미한다. 만약 좋거나 나쁘다는 의견을 비친다거나 "우리는 아무 말도 하지 말라고 했어요"라고 말한다면 순위 집계에 대해 뭔가를 알고 있거나 틀림없는 지정 상점이다. 비록 한 가지 질문에 대한 대답이었지만 그 상점들은 해서는 안 될 말을 무의식중에 해버린 것이다.

04 원숭이도 나무에서 떨어질 때가 있네

__경험과 지식의 오류

아주 화창한 휴일 아침, 진저만 씨 가족은 브라이튼으로 나들이 가기로 했다. 그런데 불행히도 진저만 식구들 말고도 많은 사람들이 같은 생각을 했던 모양이다. 교통 정체 때문에 진저만은 브라이튼까지 평균 시속 30km로 갔고 그날 저녁 돌아오는 길에는 상황이 더 나빠져 평균 시속 20km를 겨우 유지했다.

진저만 씨의 이번 나들이 때 평균속도는 얼마나 될까?

위에서 얘기한 두 속도를 더하고 2로 나누면 시속 25km가 나온다. 아주 간단하다. 대부분의 사람들은 이렇게 계산할 테지만 이 답은 틀렸다.

실제로 이 나들이의 왕복 평균속도는 시속 24km이다. 그리고 이 속도는 진저만이 버그너 리지스에 살든 버밍험에 살든 상관 없이 변하지 않는다.

이 답을 보고 의아해한다면 당신은 함정에 빠진 경험을 한 것이다.

아주 쉽고 간단한 계산처럼 보이는 문제 뒤에 숨어 있는 사실을 놓친 것이다.

평균속도는 전체 거리를 따져보고 걸린 시간으로 나누어 구한다. 진저만과 같은 경우에는 왕복 모두 같은 거리를 운전했기 때문에 거리를 모른다 해도 상관 없다. 브라이튼까지 거리가 60km라고 해보자. 브라이튼까지 60km를 시속 30km로 갔으므로 2시간이 걸린 것이며 돌아오는 길에는 시속 20km였으므로 3시간 걸렸다. 전체 왕복 거리의 평균 시속은 120km를 5시간으로 나누어 구할 수 있다. 즉 시속 24km이다.

이러한 평균속도를 조화평균이라고 한다. 조화평균은 두 속도가 큰 차이가 나지 않는 한 합하고 나누어 단순하게 생각하고 구하는 평균 속도값과 차이가 크지 않다. 영국 비행 경주 팀이 1997년에 지상 속

집으로 돌아오는 길의 교통체증

속도는 두 개의 값을 더하고 나누는 방법으로 평균값을 구할 수 없다. 이 사실을 확실한 예로 증명해보자.

진저만 가족이 브라이튼까지 시속 30km로 갔고 왕복 전체 평균속도가 시속 15km라고 하자. 그럼 돌아오는 길에는 시속 몇으로 달렸을까?

(30+0)/2=15라고 계산하여 돌아오는 속도는 0km가 된다. 정말 0km라면 진저만 가족은 집으로 돌아오지 못한 꼴이 된다.

이 경우 평균 속도가 시속 15km가 되려면 돌아오는 길의 속도는 시속 10km이다.

도 기록과 음속 장벽을 깼을 때 첫 번째 기록은 시속 1,214km였고 두 번째는 시속 1,227km였다. 평균을 내는 방법이 무엇이건 간에 그 평균속도는 1,220km이다.

하지만 이보다 도널드 캠벨이 아주 빠른 속도(시속 480km)로 코니스턴 강을 건넜을 때의 기록이 더 앞선 것이다. 사실 캠벨은 기술 문제 때문에 돌아오는 길의 속도는 48km였다. 그의 평균속도는 264km라고 발표되었지만 실제로는 시속 88km인 조화평균으로 발표되었어야 옳다.

망신스런 약효검사

백분율이 잘못 사용되고 있는 것을 알면 적잖이 놀랄 것이다.

한 의학 연구팀이 '프로블리진'이라는 신약을 실험하고 있었다. 프로블리진은 인간의 지적 능력을 개선할 수 있다는 약품이다. 스미스 박사가 첫번째로 그의 환자 그룹에 실험을 했다. 유능한 과학자인 그는 환자 몇 명에게는 진짜 프로블리진을 나머지 환자들에게는 '위약'(정신적 효과를 얻기 위해 환자에게 주는 약효가 전혀 없는 약)을 주었다. 그 결과는 다음과 같다.

스미스 박사의 결과	시험	성공	평균
프로블리진	100	66	66%
위약	40	24	60%

스미스 박사는 결과에 흡족해했다. 그의 실험은 신약 프로블리진이 위약보다 훨씬 효과적이라는 것을 확실히 보여주고 있다. 프로블리진을 먹은 환자의 66%는 위약을 먹은 환자의 60%와 비교했을 때 지능 검사에서 좋은 점수를 받았다.

이번에는 존 박사가 좀더 큰 규모의 환자 집단을 대상으로 다시 실험했다. 결과는 역시 희망적이었다. 프로블리진을 투약한 환자가 위약을 먹은 환자보다 지능 검사 결과가 좋았기 때문에 존 박사는 스미스 박사의 결과를 더 확실히 해준 것이다.

존 박사의 결과	시험	성공	평균
프로블리진	200	180	90%
위약	500	430	86%

위 실험 결과에 흥분한 두 박사는 각자의 자료를 합하여 결과를 발표하기로 했다. 그런데 전혀 예상하지 못했던 결과가 나오고 말았다.

합한 결과	시험	성공	평균
프로블리진	300	246	82%
위약	540	454	84%

두 실험 모두 위약보다 프로블리진이 효과가 있다는 것을 보여주었음에도 불구하고 두 결과를 합쳤을 때 위약을 투약한 환자가 프로블리진 투약 환자보다 지능 검사 결과가 좋다고 나타났다. 이러한 의외의 결과를 보고 어떤 사람들은 수학적 동치의 착각(the mathematical equivalent of an optical illusion)이라고 한다. 어디에서 분류가 잘못된 것일까? 잘못된 곳은 백분율도 다른 일반 숫자들과 같은 방법으로 더할 수 있다고 생각한 논리에 있다. 백분율은 속도가 그럴 수 없는 것처럼 덧셈을 하여 평균값을 구할 수 없다.

로데오 경기장

텍사스의 사업가 와일드 빌 마호니 씨는 해마다 자기 농장에서 카우보이를 위해 로데오 경기를 연다. 말이 제멋대로 날뛸 수 있으려면 경기장의 중심에서 울타리까지의 거리가 30m는 되어야 한다. 그런데 어디로 갔는지 작년에 썼던 조립식 울타리 6m가 없어졌다. 이는 야생마가 누빌 수 있는 공간이 좁아진다는 의미이다. 그렇다면 정확히 얼마나 줄어드는 것일까?(직감적으로 1cm, 아니면 1m, 아니면 더 많이 좁아질까?)
 울타리는 경기장 중심 쪽으로 정확히 1m 가까워진다. 즉, 중앙에

서 울타리까지 이르는 거리가 29m가 된다. 이 답이 이상하다고 생각하는 사람은 없을 것이다.

 신들도 역시 큰 로데오 경기를 개최하는 것을 좋아한다. 지금 우주 저쪽에서 그런 일이 일어나고 있다. 한 은하와 다른 은하 사이에는 1,609,000km 정도의 넓은 공간이 있다. 신들은 경기를 치를 때 우주의 야생마가 달아나지 못하도록 울타리를 치려고 한다. 그런데 올해는 공교롭게도 6m를 잃어버렸다(이들도 조립식 울타리를 사용한다). 경기장이 좁아진 것이다. 이번엔 얼마나 좁아졌을까?

 직감적으로 울타리가 1mm 정도 안쪽으로 들어갔을까? 6m가 아주 얇게 울타리 가장자리로 퍼져 있을 만큼 우주는 넓으니 말이다. 이렇게 생각하고 있는데, 실제로 우주 로데오 경기장의 울타리가 안으로 1m씩 들어갔다는 사실은 의아하게 들릴 것이다.

 어떻게 그런 계산이 나올까? 여기 방법이 있다. 로데오 경기장의 둘레는 울타리의 길이이며 반지름은 경기장 중심에서 울다리까지의 거리이다.

$$원의 둘레 = 2\pi \times 반지름$$

 위의 두 경우에 올해의 원 둘레(New P)는 지난해의 원 둘레(Old P)보다 6m가 줄었고, 이때 경기장의 반지름(R)은 얼마나 줄었을까를 계산해보려고 한다(Old R − New R).

$$Old\ P = 2\pi \times Old\ R$$
$$New\ P = 2\pi \times New\ R$$

Old P − New P 가 6이므로,

$$6 = 2\pi \times \text{Old R} - 2\pi \times \text{New R}$$
$$= 2\pi \times (\text{Old R} - \text{New R})$$

따라서 변한 반지름의 길이 Old R − New R은 $\frac{6}{2\pi}$이다. 이때 $\pi = 3.14$로 하면 약 1m가 변한 반지름의 길이가 된다. 이 계산에서 경기장 울타리의 길이는 전혀 관계없다. 직감이 틀린 것이다.

위인들도 실수를 했다

1935년에 한 프랑스 사람이 《고대부터 현대까지 수학자들의 실수》라는 책을 출간했다. 이 책에는 페르마, 오일러, 뉴턴을 포함한 355명의 수학자들이 저지른 실수담들이 실려 있는데, 어떤 때는 문제가 너무 복잡해서 어쩔 수 없이 실수가 생기는 경우도 있다.

1993년 앤드류 와일스가 페르마의 마지막 정리 증명을 처음 발표했을 때 아주 결정적인 실수를 했다. 하지만 아주 저명한 수학자들이나 눈치챌 만한 것이었다. 또 어떤 실수들은 당시 지식이 부족했기 때문에 못 보고 지나친 것도 있다. 아이작 뉴턴은 연금술을 믿으면서 납을 금으로 바꿀 수 있다고 했다. 지금은 이상한 일이지만 17세기에 화학원소가 알려지지 않은 것을 생각하면 이상한 것이 아니었다.

또 어떤 경우에는 그냥 지나칠 수 없는 실수가 있기도 했는데 수학자들이 아주 쉬운 계산을 틀리는 경우가 그렇다. 이것은 지식이 아주 많은 사람은 아무것도 아닌 문제에서 복잡한 어떤 것을 찾아내려고 하기 때문이 아닐까?

위스키 섞기

저녁식사 후 헨리는 지배인에게 평소에 마시던 위스키 반 잔과 물 한 잔을 갖다 달라고 했다. 헨리는 위스키에 물을 조금 따랐다. 위스키 잔이 넘칠 것 같자 위스키 잔이 다시 반이 될 때까지 물 잔에 위스키와 물이 섞인 것을 조심스럽게 부었다.

헨리는 위스키에 물을 타고 섞은 위스키와 물을 다시 물만 있는 컵에 따라 부은 것이다. 궁금한 것은 '물 잔에 있는 위스키와 위스키 잔에 들어 있는 물 가운데 어느 쪽이 더 많을까'이다.

위스키 잔에 물이 더 많이 들어 있을 것이라는 대답이 일반적이다.

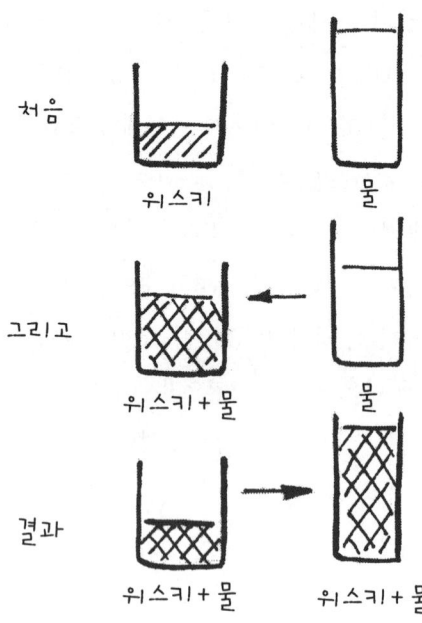

물에 들어 있는 위스키보다 위스키에 탄 물이 더 많을까?

위스키에 탄 것은 아무것도 섞이지 않은 물이었지만 물 잔으로 다시 부어진 것은 희석된 위스키이기 때문이다. 지금 두 컵에는 헨리가 처음 주문했을 때와 똑같은 양의 액체가 들어 있다. 이쯤이면 문제가 그리 간단할 리 없다는 생각이 들 것이다. 결국 위스키와 물의 양은 같다.

이것이 사실임을 증명하기 위해서 액체가 들어 있는 컵 대신 테니스 공이 들어 있는 바구니를 생각해보자. 한 바구니에 초록색 공 100개가 들어 있다. 이것을 물이라고 하자. 다른 바구니에는 20개의 흰 공이 들어 있다. 이것은 위스키다.

먼저 초록색 공 10개를 흰 공이 있는 바구니에 옮겨 놓는다.

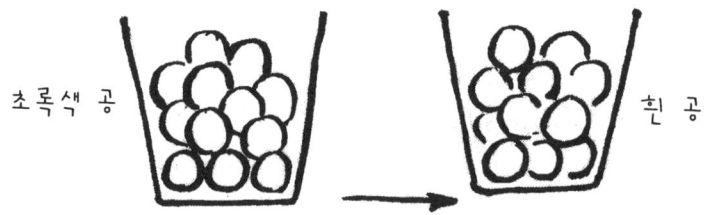

10개의 초록색 공을 옮겨 담는다

이렇게 하면 한 바구니에는 초록색 공이 90개 다른 바구니에는 흰 공 20개와 초록색 공 10개가 들어 있게 된다.

이제 두 가지 공이 들어 있는 바구니에서 공 10개를 꺼낸다. 이때 흰 공은 8개, 초록색 공은 2개라고 생각하자.

두 번째 일을 하고 나면 한쪽 바구니에는 초록색 공 92개와 흰 공 8개가 들어 있고, 다른 바구니에는 흰 공 12개와 초록색 공 8개가 들어

4. 원숭이도 나무에서 떨어질 때가 있네 63

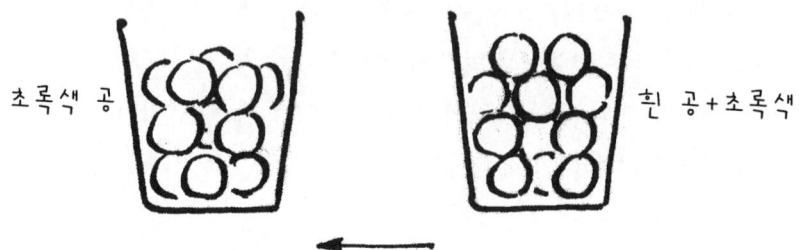

초록색 공 2개, 흰 공 8개를 옮긴다

있다. 그리고 두 바구니는 처음 시작할 때와 같은 개수의 공을 가지고 있다. 하지만 초록색 공(물) 8개와 흰 공(위스키) 8개는 서로 다른 바구니에 들어 있다. 섞여서 무엇이 되더라도 바구니에서 바뀐 초록색과 흰색 공의 개수는 언제나 같다.

그래도 이해가 안 된다면 진짜 공을 가지고 실험해보자. 사실 이보다 더 좋은 방법은 진짜 위스키로 해보는 것이다.

암 산

암산이 쉽지 않은 문제가 있다. 여기 아주 간단한 덧셈 문제가 있다. 우선 전체 숫자를 손으로 가리고 한 번에 숫자를 하나씩 보면서 암산으로 더해보자.

1000
40

```
      1000
        30
      1000
        20
      1000
        10
     _____
```

답은 얼마인가?

답이 5,000으로 나온 사람은 틀렸다. 합은 4,100이다. 이 문제를 갑자기 들이댔을 때 사람들은 대부분 같은 실수를 한다. 4,090까지 계산하였을 때 머리에서는 올림이 될 것이라고 예상한다. 그리고 전에 했던 대로 올림이 되는 숫자는 아주 쉬운 숫자가 될 것이라고 추측한다. 그리고 생각할 것도 없이 5,000이라고 말한다.

가끔은 두뇌 회전이 너무 빠를 때가 있다.

05 내기에서 꼭 이기는 법

_복권, 경마, 카지노는 횡재의 기회

수학의 다양한 영역은 끊임없는 연구에 의해 발전되어왔다. 하지만 한 가지 예외가 있는데 이것이 수학에서 중요한 부분을 차지하고 있는 확률론이다. 확률론은 악행에 그 기원을 두고 있다.

갈릴레오는 지동설을 주장했다가 교황청의 압력 때문에 철회해야만 했던 인물이다. 하지만 성경이 말하는 그의 죄는 그것뿐만이 아니었다. 갈릴레오는 자신의 후원자에게 주사위 놀이에서 돈을 딸 수 있는 방법을 알려주었는데, 당시 도박은 사회와 교회에서 금지되어 있었다.

10년 뒤 갈릴레오가 죽은 후 파스칼과 페르마는 확률론을 훌륭하게 전개했으나 부유층 귀족들이 도박에 사용하는 바람에 결국 금지되고 말았다.

파스칼과 페르마가 가졌던 의문은 '언제 베팅을 해야 하고 언제 멈춰야 할까?' 하는 것이다.

동전과 주사위

가장 단순한 도박은 동전 던지기다. 앞면이 나오면 상대방에게 10달러를 주고 뒷면이 나오면 10달러를 받기로 한다. 수학적으로도 아주 공정한 게임이다. 그러면 이제 더 복잡한 도박에 적용할 수 있는 수학을 공부해보자.

동전 던지기에서 앞면이 나올 확률이 50 대 50이라는 것은 누구나 알고 있다. '50대50'은 사람들이 가장 안심하는 확률의 표현이다. 확률을 나타내는 방법은 적어도 여섯 가지가 있는데 이것들은 모두 같은 의미이다. 앞뒷면이 고른 동전을 던져 앞면이 나올 확률은 다음과 같이 나타낼 수 있다.

- 50대 50
- 두 번에 한 번
- $\frac{1}{2}$ (수학자들은 종종 확률을 분수로 나타낸다.)
- 0.5 (수학자들은 소수로 쓰는 것도 좋아한다.)
- 50% (이유는 모르겠지만 날씨 예보자들은 백분율을 좋아한다.)
- 대등한 내깃돈(evens : 이 용어는 마권업자들이 사용한다).

위의 모든 표현은 일반적인 모양의 동전을 100번 던졌을 때 50번은 앞면이 나올 수 있다는 뜻이다. 가끔은 더 많이 나오거나 더 적게 나오는 수도 있지만 평균은 50번이다.

내기에서 얼마나 이득을 볼 수 있는가를 알기 위해서는 각각의 경우 손익이 얼마고, 그 경우들이 일어날 확률은 얼마나 되는가를 보아야 한다.

10달러를 내깃돈으로 걸고 동전 던지기를 할 때 앞면을 선택했을 경우 나올 수 있는 결과는 다음과 같다.

결과	확률(P)	손익(W)	P×W
앞면	1/2	10달러	5달러
뒷면	1/2	−10달러	−5달러

이 내기는 할 만한 가치가 있는 걸까? 표의 마지막 칸에 있는 P×W를 이용해보자. P×W의 결과로 나온 두 값을 더하면 이 내기의 기댓값이 나온다. 기댓값은 0달러. 평균적으로 이득이 없다는 뜻이다. 하지만 한편으로는 적어도 손해를 보지 않는다는 얘기도 된다. 이 점이 바로 내기를 하게 만드는 유혹이다.

이번엔 좀더 복잡한 내기를 생각해보자.

헤럴드는 1부터 6까지 숫자가 매겨진 보통 주사위를 가지고 있다. 주사위를 던져 6이 나오면 상대방에게 24달러를 줄 것이고 6 이외의 숫자가 나오면 상대방이 헤럴드에게 6달러를 주어야 한다. 이것은 과연 누구에게 유리한 내기가 될까?

이 내기를 감정해보기 위해서는 주사위를 던졌을 때 6이 나올 가능성을 알아봐야 한다. 6이 나올 확률은 1:6 또는 0.1666 또는 마권업자들이 사용하는 용어로는 5대1이다. 한편 6이 나오지 않을 확률은 $\frac{5}{6}$로 두 경우의 결과는 다음과 같다.

결과	확률(P)	손익(W)	P×W
6이 나오는 경우	1/6	24달러	4달러
6 이외의 수가 나오는 경우	5/6	-6달러	-5달러

확률 P를 모두 합하면 다시 1이 된다.

마지막 열은 합이 -1달러이다. 이 값은 주사위를 던질 때마다 1달러 손해보는 것을 감수해야 한다는 의미이다. 주사위를 100만 번 던진다면 100만 달러를 손해보는 셈이다.

도박 산업도 같은 원리이다. 도박이 짜릿한 이유는 자기가 건 돈에 대하여 엄청난 이익이 돌아올 것이라는 기대감을 주기 때문이다. 하지만 결국 도박주만 이득을 보게 된다.

복권

영국 국영 복권(우리나라의 로또 복권과 비슷하다.)의 경우는 기대 상금이 얼마나 될지 계산할 필요가 없다. 1파운드짜리 복권마다 50펜스는 상금이고 나머지는 세금이다. 이는 한 장을 사면 기대 상금은 50펜스 손해라는 것을 의미한다. 그래서 복권을 사지 않을 때는 이렇게 말할 수 있다. "이봐! 나는 오늘 50펜스를 득봤어!"

물론 복권을 사는 이유는 지갑에서 빠져나간 1파운드가 아깝다는 생각보다는 통장에 1,000만 파운드가 들어올 것이라고 생각하기 때문이다. 복권을 사는 사람들은 자기가 가진 숫자가 나오기를 기다리는 순간의 흥분과 긴장이 적어도 50펜스의 가치가 있다고 말한다. 매

마권업자들의 용어

마권업자(Bookmaker: 경마, 스포츠 시합 등 공인 도박에서 주최자 이외에 사설 투표권을 발매하는 사람. 줄여서 부키bookie라고도 한다.)들은 승률을 말할 때 그들만의 용어를 사용한다.

주사위를 던져 3이 나올 확률은 1:6이다. 이는 주사위 면이 여섯 개이기 때문이다. 하지만 마권업자는 5대1(5 to

1 against)이라고 말할 것이다.(다시 말하면, 3에 돈을 건 사람은 여섯 번 중에 다섯 번은 실패한다는 의미이다).

전체 트럼프 중에서 스페이드 에이스를 뽑을 확률은 1:52이다. 이런 경우 마권업자는 51대1(51 to 1 against)이라고 한다. 마권업자들은 항상 더 큰 숫자를 앞에 둔다.

승패의 확률이 똑같을 때는 Evens라고 한다. 그리고 질 확률보다 이길 확률이 더 높으면 'against'라는 단어를 'on'으로 바꾼다. 주사위를 던졌을 때 2보다 큰 수가 나올 확률은 4:6인데, 마권업자들에게는 4대2(4 to 2 on)가 된다. 그렇지 않으면 간단히 줄여 2 to 1 on으로 나타낸다.

주 자기 숫자가 나오지 않아서 실망하는 부정적 가치는 생각하지 못하면서 말이다. 위험을 감수하는 짜릿한 기분을 즐기는 사람들은 수학적으로 위험을 좋아하는 사람이다.

영국의 복권 번호는 1~49 사이의 숫자 가운데 6개를 뽑아 만든다. 공이 49개 들어 있는 통에서 6개를 무작위로 꺼낸다. 이 여섯 개의 공이 가지고 있는 숫자와 모두 일치할 경우의 상금은 1,000만 파운드이다. 배당금을 받을 때, 같은 숫자를 가진 사람이 아무도 없다면 1,000만 파운드를 모두 갖는다. 하지만 대개는 두세 명이 같은 숫자를 가지고 있어 상금을 나누어 갖는다.

그렇다면 숫자를 어떻게 조합해야 할까? 공 49개 가운데 6개를 선택하는 것보다 간단한 경우를 생각해보자. 번호가 적힌 공이 세 개 있고 그중 두 개를 선택한다고 하면 다음과 같다.

$$1, 2$$
$$1, 3$$
$$2, 3$$

공을 뽑는 순서는 상관없다. 1과 3을 뽑았다면 순서는 1 다음 3이거나, 3 다음 1이다. 어느 경우든 당첨이다. 나올 수 있는 숫자 조합은 세 가지이고 그중 하나에 상금이 걸려 있는 것이다. 이 세 가지가 나올 확률은 모두 같을까? 물론! 통에서 뽑을 수 있는 숫자들을 적어 보자.

$$1, 2 \quad 1, 3 \quad 2, 1 \quad 2, 3 \quad 3, 1 \quad 3, 2$$

공을 뽑아 만들 수 있는 순열은 여섯 가지이고 세 개의 조합이 각각 두 번씩 나타난다. 각 조합은 만들어질 확률은 같다. 이 복권으로 당첨 배당금을 받을 확률은 $\frac{1}{3}$이다.

결국 아무리 많은 공이 들어 있어도, 뽑을 숫자가 아무리 많다 해도 당첨될 확률은 똑같다는 논리다. 다시 말하면 1, 2, 3, 4, 5, 6을 뽑았을 경우와 11, 17, 20, 31, 34, 41을 뽑은 경우는 당첨금을 받을 확률이 똑같다는 뜻이다. 비록 뒤에 것이 더 무작위로 보이지만 말이다.

복권에서 만들어질 수 있는 숫자 조합의 경우의 수는 어마어마하게 많다. 정확히 말해 13,983,816가지다.

큰 당첨금을 딸 확률에 영향을 줄 수는 없지만 적어도 당첨 배당금을 많이 받을 수 있는 숫자를 선택할 수 있는 방법이 있다. 아무도 선택할 것 같지 않은 숫자들을 조합하면 된다. 그리고 그 숫자들이 모두 나오기만 하면 당첨금 전부를 갖는 것이다.

가장 안 좋은 숫자 조합 중 하나는 1, 2, 3, 4, 5, 6이다. 이 숫자들은 수백 명이 선택한다. 사람들은 '아무도 이렇게 특별한 숫자들은 생각하지 못할 거야'라고 생각하는 것 같다. 하지만 애석하게도 많은 사람들이 그렇게 한다.

복권을 사는 사람들은 행운의 숫자를 자주 사용하는데, 바로 생일과 관련된 숫자다. 그래서 32와 49 사이의 숫자보다는 1과 31 사이의 숫자를 선택하는 경우가 더 많다. 따라서 다른 사람과 당첨금을 나누어 갖고 싶지 않다면 31 뒤의 숫자를 선택하는 편이 낫다. 하지만 조

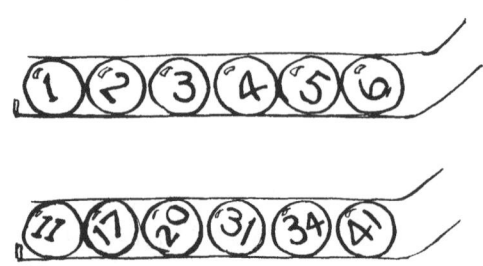

심하자. 이 책을 읽은 사람들은 이 원리를 알고 있을 테니까. 이 방법은 복권을 산 다른 사람들에게서 멀어지려고 할 때 유용한 방법이다. 일종의 회피 전술이다. 기본 원리는 특별할 것이라고 생각되는 숫자들을 뽑지 않는 것이다.

숫자를 선택하는 데는 미신이 아주 많이 작용한다. 수학자들은 무시하겠지만 예를 들면 '39가 6주 동안 안 나왔어. 그러니까 이번 주에는 꼭 나올 거야'라는 생각은 미신밖에 안 된다. 동전 던지기를 열 번했을 때 모두 앞면이 나왔다면 열한 번째에 뒷면이 나올 확률은 처음보다 낮다. 만약 39가 6주 동안 나왔다면, 예를 들면 다른 공보다 약간 무겁다거나 하는, 39번 공이 자주 나오는 물리적인 이유가 있을 가능성이 있다. 하지만 많은 사람들은 자주 나오는 숫자인 39를 뽑기 때문에 39를 피하는 것도 좋은 방법 중 하나다.

복권을 금요일에 사는 이유

캘리포니아 사람들은 금요일보다 일찍 복권을 사면 다음주 토요일에 당첨금을 탈 수 있는 확률이 당첨금을 타러 가다가 자동차 사고가 날 확률보다 낮다고 생각한다.

이렇게 끔찍한 통계값은 어떤 주에 캘리포니아 복권에 당첨이 될 확률이 거의 1:18,000,000였는데, 하루 24시간 동안 자동차 사고 발생률도 이와 비슷하다는 사실에서 나온 것이다. 이는 밖을 걸어 다니는 것이 위험하다고 하는 말이 아니다. 이 통계는 자동차 사고가 날 확률보다 당첨금을 탈 가망성이 훨씬 더 적다는 것을 말해주고 있다.

말과 마권업자

지금까지 살펴본 베팅 게임에서는 베팅 운영자들이 지출되는 당첨금을 당첨 가망성보다 작게 책정하여 이익금을 벌어들였다. 경마에서의 승률은 어떤 말이 'evens'일 경우, 이 말이 지면 마권업자에게 10달러를 주고 이기면 10달러를 받는 식이다. 아주 공평해보이는 게임이다.

하지만 다음 표는 마권업자가 언제나 흐뭇한 미소를 짓는 이유를 증명해주고 있다. 표에 있는 승률의 말 세 마리가 경주를 한다고 하자.

앤드류, 버트, 찰리 삼형제는 서로 다른 말에 각각 1달러씩을 걸었다. 삼형제 중 한 명은 이기게 될 것이다. 그렇다면 가족 전체는 어떨까?

결과	제시된 승률(P)	승자가 얻는 이득(W)	P×W
개구쟁이	1/2	1달러	50센트
불타는 황소	1/3	2달러	67센트
늙은 다리	1/4	3달러	75센트

신기하게도 위 표에 따라 삼형제의 기댓값을 모두 합하면 1달러 92센트가 된다. 하지만 두 사람은 각자 걸었던 1달러를 손해보았다. 마권업자는 평균 8센트의 이익을 내려고 한 것이다. 어떻게 가능할까?

표의 '제시된 승률' 칸을 보면 알 수 있다. 이제까지 보았던 다른 내기 방법에서는 확률을 모두 합하면 1.0이었는데 이번에는 약 1.08이다(1보다 많다). 다시 말하면 마권업자는 상금을 정하는 것이 아니

개구쟁이	Evens (=1/2)
불타는 황소	2:1 (=1/3)
늙은 다리	3:1 (1/4)

라 승률을 정해놓는 것으로 이득을 얻는다. 혹시나 승률의 합이 1이 안 되는 마권업자를 만나면 주저하지 않고 베팅을 해야 한다.

경마에서의 승률과 복권에서의 승률에는 한 가지 중요한 차이점이 있다. 복권에서는 숫자의 조합으로 확률을 정확히 알 수 있지만 경마에서는 아무리 정보를 많이 가지고 있다 해도 '개구쟁이'가 이긴다는 것은 단지 추측일 뿐이다. 그런데도 경마에 베팅을 하는 이유는 다른 사람들보다 더 좋은 정보를 가지고 있다는 생각 때문이다. 그래서 정해진 승률이 8대1일 때 실제로는 10:1의 승률을 가지고 있다고 보거나 말이 식중독으로 고생하고 있다는 사실을 알고 있다면 다른 말에 베팅을 해야 한다.

그럼 실제로, 2대1로 정해진 말이 경주에서 이기는 경우는 얼마나 될까? 올해 승률이 2대1인 말이 경주했던 결과들을 조사해보면 쉽게 알 수 있을 것이다. 경주에서 이긴 100마리 중 승률이 2대1인 말이 경주에서 이긴 100마리의 $\frac{1}{3}$ 정도인 33마리였다면 좋을 것이다. 만약 10마리가 이겼다면 승률이 2대1인 말은 대부분 상금이 걸리지 않을 것이다. 베팅에 승산이 없다. 반대로 100마리 중 50마리가 승률이 2대1인 말이었다면 이 베팅은 괜찮은 것이다. 하지만 많은 사람들이 이 사실을 알게 되면 오히려 상황은 나빠질 것이다.

손해 보지 않는 베팅

이제 슬슬 전문가와 함께 베팅 게임을 할 수 있을 것 같은 생각이 들지도 모르겠다. 복권이나 미식축구는 베팅하는 사람이 지불한 돈의 50%를 갖고 마권업자는 15% 이상을 갖는다. 마찬가지로 룰렛 영업자도 이익을 챙긴다. 37칸으로 나뉘어진 룰렛판은 0에서 36까지 번호가 매겨져 있는데 상아공이 0이 씌인 칸에서 멎으면 걸려 있는 돈은 모두 카지노가 갖게 되는데, 확률은 평균적으로 37번 중 1번 꼴이다.* 그리고 카지노는 3%의 이익을 챙긴다. 이제까지 보았던 베팅 게임이나 내기들과 비교해 보면 룰렛은 도박꾼에게 꽤나 후한 편이다.

확실한 베팅 방법이 한 가지 있다. 이 방법은 이길 승산이 50:50인 경우라면 언제든지 써먹을 수 있다(즉, 승산이 evens일 때). 곱걸이(martingale)라고 한다.

먼저 내기에서 얼마를 얻고 싶은지 결정한다. 욕심이 많아 보이지도 않는 10달러가 적당한 것 같다. 10달러를 베팅한다. 만약 이기면 10달러를 따고 게임은 여기서 끝내라. 하지만 졌을 경우에는 다시 베팅을 해야 한다. 이번엔 20달러를 건다. 여기서 이기면 20달러를 얻고 게임은 끝내야 한다. 마지막 판에서 딴 20달러에서 처음 잃은 10

---

* 예외는 적색/흑색, 홀수/짝수에 베팅한 경우다. 이렇게 50:50인 베팅에서는 공이 0에서 멎으면 내기에 건 돈의 반을 다시 돌려준다.

달러를 빼면 순익은 10달러가 된다.

만약 또 졌다면 다시 내깃돈을 두 배로 하여 40달러를 건다. 이렇게 곱걸이 베팅 방법은 질 때마다 내깃돈을 두 배로 하여 다시 베팅을 하는 것이다. 50번 모두 진다 해도 51번째만 이기면 아까 생각했던 10달러를 남기게 된다.

마침내 내기에서 이겼을 때를 보면 순익은 처음 베팅 때 걸었던 내깃돈과 정확히 같다. 욕심이 많아 100만 달러를 상금으로 받고 싶다면 처음 베팅 금액을 100만 달러로 하면 된다.

믿어지지 않을 정도로 좋은 방법 같지 않은가? 그렇다면 왜 이 방법을 여러분에게 말해주겠는가? 바하마 해변에 앉아서도 굉장한 돈을 손에 쥘 수 있는 이런 비밀을 말이다.

기상천외한 사건에 베팅하기

마권영업 회사인 래드브로크는 거의 모든 것을 베팅 가능성이 있는 영역으로 여기고 있다. 하지만 5,000:1 이상의 승률을 제시한 적은 거의 없다. 헬리 혜성이 다음 번에 지구와 충돌할 확률은 2,500:1이다. 그리고 UN이 외계에 생물체가 존재할 것이라고 말할 승률은 200:1에서 50:1로 줄어들었다.

그렇다고 래드브로크가 어떤 것에든 베팅을 하는 것은 아니다. 한 남자가 아내가 외계인한테 납치되었다가 2004년이 시작되는 날 밤에 주전자가 되어 돌아올 것이라는 내기를 하고 싶어했다. 하지만 마권업자들은 이 사건에 가능성 제안하기를 정중히 거부했다.

그렇다. 여기에는 함정이 있다. 이 원리가 완벽해보일지 모르지만 사실 곱걸이 베팅이 절대로 먹혀들지 않는 이유가 있다. 카지노나 마권업자들은 한 번 베팅을 하는 데 제한금액을 두고 있다. 1,000만 달러를 걸고 싶어도 그렇게 하는 것은 금지되어 있다. 설사 할 수 있다고 해도 계속해서 지기만 하면 어느 은행에서 베팅에 쓰라고 2,000만 달러씩을 투자하겠는가?

100만 달러를 벌 수 있는 쉽고도 아주 확실한 방법은 없다. 베팅에서 성공한 사람이 있으면 반드시 잃은 사람도 있게 마련이다. 베팅 산업은 매 시간마다 생겨나는 풋내기들 때문에 날로 번성하고 있다.

06 우연의 일치 _생각보다 놀랍지 않다

최근에 열린 '과학적으로 설명할 수 없는 것'을 주제로 한 세미나에서 몇 사람에게 우연의 일치 때문에 놀랐던 경험이 있었는지를 질문해보았다. 대부분이 그렇다고 대답했다. 그중 한 여인이 지난해에 있었던 일을 이야기했다. 스위스에서 휴가를 즐기는데 옆 별장에 머물고 있던 가족이 전에 살았던 곳의 이웃이더라는 것이다.

학교에 다닐 때 교장선생님을 너무 싫어했다던 토니의 일은 아주 섬뜩했다. 어느 일요일 밤에 교장선생님이 돌아가시는 꿈을 꾸었는데 다음 날 아침 학교에 와보니 정말로 교장선생님이 주말에 급사했다는 것이다. 그의 이야기가 끝나자 세미나실은 잠깐 침묵이 흘렀다.

흥미로운 사실은 많은 사람들이 우연의 일치를 이성적인 이유보다는 어떤 영적인 힘으로 본다는 것이다. 이것은 인간 심리와 관계가 있다. 사람들은 신비스럽고 불가사의한 것을 좋아하는데 TV프로그램 'X-파일'의 대성공도 이와 무관하지 않다. 하지만 그 어떤 감춰진 힘에 대해 믿는다는 것은 우연의 수학을 무시한다는 의미이다.

죽은 교장선생님의 이야기를 듣고 순간적으로 토니가 생사를 가르는 심령력이 있다고 결론지을 수도 있다. 하지만 이보다 아주 이성적이고 그럴싸한 설명도 가능하다.

첫째, 토니는 이야기의 자세한 부분까지 기억하지 못했다. 즉, 꿈이 아니라 기시(既視)체험(실제로 체험하지 않은 일을 이전에 본 적이 있는 듯하게 느끼는 현상, 데자뷰 현상이라고도 한다.)일 가능성이 높다. 둘째는 토니가 교장선생님이 심하게 아프다는 것을 알고 있었다는 점이다. 그래서 곧 돌아가실지도 모르는 상황이었고 그것을 꿈으로 꾼 것이다. 잠재의식 속으로 들어간 새로운 사실이 어떤 상황에서 갑작스럽게 무의식적인 생각으로 나타난 것이다. 어쩌면 토니의 부모님이 교장선생님이 돌아가셨다는 소식을 듣고 하는 얘기를 숙제를 하면서 흘려들었을지도 모른다.

또 한 가지 가능한 설명이 있다. 교장선생님의 죽음이 완전한 우연의 일치였을지도 모른다는 것이다. 옥스퍼드 영어 사전은 우연의 일치를 '확실한 인과 관계 없이 똑같은 시간에 일어난 사건'이라고 정의한다.

어쩌면 이야깃거리도 안 되는 일이다. 그런데도 이것이 과연 놀랄 일일까? 우연의 일치는 얼마나 가능한 걸까? 만일 수학으로 우연의 일치를 예견할 수 없다면 과학적으로 밝혀지지 않은 사실들을 믿기 시작해야 할 것이다.

> ### 미국 대통령의 우연의 일치
>
> 미국의 역대 대통령들에게는 한 가지 이상한 우연의 일치가 있다. 초기 대통령 다섯 명 중 세 명이 같은 날 죽었다는 사실이다. 그날이 바로 7월 4일이다. 어떤 날보다도 이 날은 미국인들에게 분명히 의미심장한 날일 것이다. 어떻게 이 우연의 일치가 일어나는가를 설명할 수 있을까? 어쩌면 여러분은 초기 대통령들이 그들에게 중요한 의미를 지닌 독립기념일까지 명을 유지하고 싶어서 그날이 되자마자 죽은 것이라고 생각할지도 모르겠다. 미국의 3대 대통령인 토머스 제퍼슨도 분명히 1826년 7월 4일에 죽었고, 2대 대통령 존 애덤스는 제퍼슨이 죽은 몇 시간 뒤에 죽었다. 그때 애덤스의 마지막 말은 "토머스 제퍼슨은 아직도 살아 있구나"였다. 하지만 그가 틀렸다.

생일이 같은 경우

우연의 일치에 대해서 말하고 싶은 첫번째는 가끔 지나치게 우연을 가슴에 새겨놓는다는 것이다. 초등학생 30명이 있는 수업 시간에 생일에 대한 얘기가 나왔다. 아이들 중 한 명이 말했다.

"샐리와 저는 생일이 같아요."

이 사실은 두 아이에게뿐 아니라 다른 아이들에게도 흥미로운 일이었다.

그런데 생일이 같은 것은 그렇게 특별한 일이 아니다. 어떤 교실에

들어가더라도 생일이 같은 아이를 적어도 두 명은 찾을 수 있다. 대부분의 사람들은 생일이 같을 가능성은 그리 크지 않다고 생각한다. 1년이 365일이므로 생일이 같을 확률이 50:50이 되려면 교실에는 180명의 아이들이 있어야 한다고 추측할지도 모른다.

하지만 그렇지 않다. 놀랍게도 생일이 같은 아이가 두 명이 될 확률이 50:50 이상이 되려면 23명의 아이들만 있으면 된다. 실제로 생일이 1년을 통틀어 고르게 퍼져 있는 것이 아니기 때문에 20명의 아이들만 있어도 그중 반은 생일이 같다.

어떻게 가능할까? 이를 계산하기 위해서는 두 독립사건이 동시에 일어날 확률을 구하는 방법을 알아야 한다. 두 사건이 일어날 각각의 확률을 곱하는 것이다(다음 상자를 참고할 것). 예를 들어 동전을 두 번 던져 모두 앞면이 나올 확률은 $\frac{1}{2} \times \frac{1}{2} = \frac{1}{4}$, 즉 1:4이다. 동전 두 개를 던져 나오는 면을 순서쌍으로 만들어 확인해보자. 100번 반복하여 두 동전이 모두 앞면이 나오는 경우의 수를 세어보면 약 25번이 될 것이다. 정확히 25번이 되지 않을 수도 있지만 20번이 안 되거나 30번이 넘는다면 동전을 이상한 방법으로 던진 것이다.

동전 던지기와 마찬가지로 쌍둥이가 아닌 한, 한 아이가 태어난 날은 다른 아이가 태어난 날과 독립적으로 일어나는 일이다. 따라서 생일이 같은 날일 확률은 동전던지기를 할 때와 같은 방법으로 각각의 확률을 모두 곱해서 계산할 수 있다. 이번에는 생일이 같을 경우를 계산하지 말고, 아이들 모두가 생일이 다를 경우를 구해보자. 훨씬 계산이 쉬울 것이다.

먼저 두 명의 아이가 있는 교실이다. 첫번째 아이의 생일은 6월 14일이다. 두 번째 아이의 생일이 먼저 아이와 다를 확률을 얼마나 될까? 6월 14일이 아닌 날은 364일이므로 두 아이의 생일이 다를 확률은 $\frac{364}{365}$이다. 이때 마침 사라가 교실에 들어왔다. 사라의 생일은 교실에 있던 두 아이와 다를까? 먼저 있던 두 아이가 생일이 다르다면 사라의 생일이 다를 확률은, 이틀을 빼면 363일이므로 $\frac{363}{365}$이다. 다음에 사이먼이 들어온다면 나머지 세 명과 생일이 다른 날일 확률은 또 그렇게 줄어든다. 23번째 아이가 다른 모든 아이들과 생일이 같지 않을 확률은 $\frac{343}{365}$이다.

그럼, 이제 23명의 아이들 모두가 생일이 다를 전체 확률을 계산해보자. 동전 던지기를 했을 때와 마찬가지로 각각의 확률들을 한꺼번에 곱하면 된다.

23명 중 한 사람도 생일이 같은 사람이 없을 확률

$$= \frac{364}{365} \times \frac{363}{365} \times \frac{362}{365} \times \cdots \times \frac{343}{365} = 0.49, 즉 49\%$$

한 교실 안에 있는 23명 모두 생일이 다를 확률은 49%, 약 50%이다. 그렇다면 아이들이 모두 생일이 다른 것의 반대는 뭘까? 이는 적어도 두 명은 생일이 같다는 뜻이다. 다시 말하면 적어도 두 명의 아이가 생일이 같을 확률은 23명을 전체로 볼 때 51%가 되는 것이다. 많은 사람들은 이 결과를 쉽게 믿지 못할 것이다. 하지만 이것은 사실이다. 그래도 믿지 못하겠다면 근처에 있는 학교에 가서 확인해보는 것도 좋은 방법이다.

지난밤에 아내에게 20년 동안 만나지 못한 친구에 대한 이야기를 했다. 그런데 그 친구와 접촉사고가 났다면 이 일은 또 무슨 의미일까? 이 일이 얼마나 확실한 우연의 일치인가를 보기 위해 먼저 해야 할 일은 다음을 구별하는 것이다.

- 일어날 확률이 적은 특별한 사건이 일어날 확률
- 일어날 확률이 적은 어떤 사건이 일어날 확률

위에서 본 아이들의 경우라면 위 두 유형이 어디에서 혼동되는지 금방 알 수 있을 것이다. 23명 가운데 데이비드와 샬럿 두 명을 지목했을 때 그들의 생일이 같을 확률은 $\frac{1}{365}$이다. 하지만 이제 우리는 생일이 같은 아이들이 적어도 한 쌍이 있을 확률이 1:2라는 것을 알고 있다(누구인지는 몰라도 말이다). 가능성이 아주 높다. 하지만 우연의 일치에 대한 위 두 가지 경우는 같은 뜻인 것처럼 느껴진다. 이것은 바로 직감이 틀릴 때도 있다는 사실을 보여준다.

"이 글을 읽은 후 1주일 내로 거리에서 동창생을 만날 것입니다"와 같이 아주 구체적인 일이 우연히 일어날 확률과 "다음주에 신나는 일이 생길 것입니다"처럼 어떤 우연의 사건이 일어날 확률 사이에는 큰 차이가 있다. 두 문장 모두 관심을 끌기는 하지만 후자가 가능성이 훨씬 크다.

하루 동안 얼마나 많은 '사건'을 경험하는지 생각해보자. 아침에 일어나서 이를 닦고, 아침을 먹고, 라디오를 듣고, 차를 타고 또 라디오를 들으며 일터를 향해 운전하고, 많은 사람들을 만나고 전화도 많이 하고, 공상에 잠기기도 하고, 점심을 먹고…… 매일 수백 가지씩의 일을 한다. 그리고 이 모든 일들 가운데 우연하게 일치하는 일이 생길 수도 있다. 하지만 대부분 별일 없이 흘러간다. 그렇다고 매일 저녁 집에 돌아와서 부인에게 이렇게 말한다면 어떻겠는가.

"아, 지겨워. 제니 스튜어트라는 여자를 만났는데 우리는 둘 다 알고 있는 친구가 한 명도 없더군. 그리고 어젯밤 꿈은 하나도 이루어지지 않았어. 내가 사무실을 막 떠나려고 할 때도 아무 일 없었구."

이렇게 아무 일도 일어나지 않는 것이 모든 일들이 지루하기 때문이라고 말하지는 않을 것이다. 그것은 우연의 일치가 없었을 뿐이다. 또한 확률이 극히 작은 일이 일어나기도 한다. 우연한 일로 특별히 구분하지 않는 그런 일. 만일 일어난다 해도 그리 놀라운 일도 아니다. 극단적인 예로, 유명한 사람 두 명을 무작위로 골라보자. 빅토리아 여

왕과 조지 워싱턴. 빅토리아 여왕의 생일은 5월 24일이고 워싱턴의 생일은 2월 22일이다. 이건 엄청난(?) 일이다. 빅토리아 여왕의 생일이 5월 24일일 확률은 $\frac{1}{365}$, 2월 22일이 조지 워싱턴의 생일이 될 확률도 마찬가지이다. 여왕과 조지 워싱턴이 각자 다른 생일을 가질 확률은 $\frac{1}{130,000}$ 정도밖에 안 된다. 일어날 확률이 너무 낮다고 생각하는가? 이처럼 사람들은 이런 것에 흥미를 갖지 않는다.

이렇게 크게 관심을 두지 않는 이유는 그 일이 일어나도 '그래서?'라는 질문을 하게 한다는 것이다. 위 두 사건은 우연히 일어난 것이지만 그것을 우연의 일치라고 하지는 않는다. 따분한 일들은 빨리 잊혀지기 때문이다. 하지만 우연의 일치들은 관심을 끌고 가슴에 오랫동안 남는다.

추측 게임

친구 10명과 함께 할 수 있는 게임이 있다. 친구들에게 1부터 100 사이에 있는 숫자 하나를 쓰게 한다. 이 게임은 같은 수를 쓰지 않은 사람이 이기는 것이다. 별로 어려운 일이 아니라고 생각할지도 모른다. 하지만 모든 사람이 아무렇게나 숫자를 뽑는다고 해도 두 명이 같은 수를 선택할 확률은 1:3 이상이다. 그리고 실제로 사람들은 아무 숫자나 선택하지 않기 때문에(예를 들면 50 이상의 숫자를 많이 뽑는다) 두 사람이 같은 숫자를 뽑을 승률은 50:50 정도이다. 게임을 하는 사람이 많을수록 숫자가 같을 확률은 높아진다. 20명이 게임을 할 경우에는 두 명이 같은 숫자를 뽑을 확률이 $\frac{1}{365}$ 정도가 된다(이제 여러분은 독심력을 가지고 이 게임에서 이길 수 있을 것이다).

치마를 입는 남자는 몇 명?

동전의 앞면이 나오고 주사위에서 3이 나올 확률은 얼마나 될까? 동전을 던지는 것은 주사위를 던지는 것에 아무런 영향을 받지 않으므로 동전 앞면과 주사위 3은 두 사건이 일어날 확률을 각각 곱해서 간단하게 구할 수 있다.

동전 앞면이 나올 확률은 1/2

주사위를 던져 3이 나올 확률은 1/6

이 두 사건이 함께 일어날 확률은 1/2×1/6=1/12, 즉 12번 중 한 번의 확률이다.

하지만 두 사건이 서로 독립적이지 않다면 불가능한 일이다.
예를 들면,
- 거리에 있는 사람이 남자일 확률은 약 1/2
- 거리에 있는 사람이 치마를 입고 있을 확률은 약 1/4
- 그렇다고 거리에 있는 사람이 치마 입은 남자일 확률이 1/8은 아니다. 왜냐하면 사람의 성별은 치마를 입는 취향에 영향을 주기 때문이다.

한 사건이 다른 사건에 미치는 영향은 확률 이론의 중요한 부분인 베이지안 통계학(Bayesian statistics)의 기초다.

놀라운 우연의 일치

그렇다면 관심을 끌 만한 우연의 일치가 일어날 확률은 얼마나 될까?

대충 한번 생각해보자. 이제까지 딱 한 번 있었던 우연 중에서 가장 기억에 남는 일이 오늘 일어날 확률이 100만분의 일이라고 해보자. 그리고 이 확률에 대해 100번의 기회가 있다고 하자. 예를 들어 경마에서 아무 생각 없이 승률이 작은 세 마리에 베팅했는데 그들이 나란히 1, 2, 3위를 했다든지, 선거날 투표를 하고 돌아오는 길에 작은 접촉사고가 났는데 알고 보니 차 안에 있던 사람이 전직 상원의원이었다든지 하는 경우 말이다. 이런 일들은 모두 '100만분의 1' 꼴로 일어나는 우연이다. 친구가 복권에 당첨되는 꿈을 꾸었는데 며칠 안에 정말로 당첨이 되는 경우도 마찬가지다.

생일이 겹치는 확률을 계산했던 것처럼 위에서 말한 우연이 일어날 확률을 계산하는 가장 좋은 방법은 먼저 일어나지 않을 경우를 찾는 것이다.

확률은 얼마나 될까? 확률이 100만분의 1인 일이 일어나지 않을 확률은 0.999999이다. 그런 일이 매일 일어날 기회가 100번 있다고 가정했으므로 한 번도 일어나지 않을 확률은

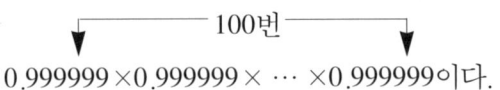

약 $0.9999 = \dfrac{9999}{10000}$ 이다. 즉 생각지도 않았던 우연의 일치가 내

일 일어날 확률은 $\frac{1}{10000}$인 것이다. 여전히 가망성이 낮다.

다음주는 어떨까? 다음주 7일 동안 아무런 일도 없을 확률은 얼마나 될까? 위에서 계산한 것처럼 구해보면

$$\underbrace{0.9999 \times 0.9999 \times \cdots \times 0.9999}_{7\text{번}} = 약\ 0.9993이다.$$

별 특별한 일 없는 한 주가 될 확률은 $\frac{9993}{10000}$이고 다음주에 깜짝 놀랄 만한 우연의 일치가 일어날 확률은 $\frac{7}{10000}$인 것이다. 그렇다면 1년 내내 단조로운 일만 있을 확률은

$$\underbrace{0.9993 \times 0.9993 \times \cdots \times 0.9993}_{52\text{번}} = 0.964,\ 즉\ \frac{29}{30}이다.$$

이거 슬슬 재미있어진다. 다음 20년 동안 내내 지루하게 살지도 모를 확률은

$$\underbrace{0.964 \times 0.964 \times \cdots \times 0.964}_{20\text{번}} = 0.48\ 또는\ 48\%이다.$$

이제까지의 계산으로 보면 앞으로 20년 동안 잊을 수 없는 아주 희귀한 우연을 경험한 확률은 50:50이 넘는다. 또한 20명이 있다면 그들 중 한 명이 1년 동안 있었던 일 중 잊지 못할 우연의 일치에 대해 말할 수 있는 확률은 50%가 훨씬 넘는다. 그러므로 23명의 아이가

6. 우연의 일치 89

있는 교실과 마찬가지로 올해 신기한 우연의 일치를 경험하게 될 확률은 52%로 반이 넘는다는 얘기다. 정말이지 인생은 지루한 것만은 아닌가 보다!

물론 여기에는 큰 가정이 있었다. 어느날 일어날 수 있는 믿기지 않는 우연의 일치가 몇 가지나 있는지 누가 알겠는가? 아마 수천 가지가 될 것이다. 그리고 그 수천 가지 중 몇 가지가 일어날 확률은 10억만분의 1이고 나머지 것들은 1,000만분의 1이 될지도 모른다. 하지만 이제까지의 계산이 그렇게 극단적인 것은 아니다. 그리고 올해 여러분이나 가까운 친구들에게 아주 신기한 일이 일어날 확률이 50:50이라는 사실은 누군가에게 아주 끔찍하게 무서운 우연한 사건이 있었다는 얘기를 들어도 그리 놀랄 만한 일이 아니라는 것이다.

그렇지만 자기에게 무시무시한 우연의 일치가 있었다면 놀랄 일이 아니라고 말하기는 쉽지 않을 것이다. 다음은 실제로 나에게 있었던 일이다.

2년 전에 새로 사귄 친구의 집에 놀러갔다. 친구에게는 사라라는 어린 딸이 있었다. 크레파스를 가지고 있기에 달을 그려주며 말했다.

"달 모양을 보면 며칠인지 알 수 있단다. 그럼 날짜를 한번 생각해 볼까? 8월 17일이다."

그러자 그 애 엄마는 놀라며 말했다.

"어머, 그렇게 말할 줄 알았어! 사라 생일이 8월 17일이고, 나와 남편도 그날이 생일이거든."

잊을 수 없는 우연의 일치였다. 그렇게 생각지도 않았던 신기한 우연의 일치는 누구에게나 한 번쯤은 있는 것이다.

별자리와 우연의 일치

여기 당신의 오늘 별점이 있다.

가끔 당신은 외향적이고, 붙임성이 있고, 사교적이다. 하지만 어떤 때는 내성적이고, 조심성이 많고 수줍음을 타기도 한다. 다만 사람에게 너무 솔직한 것은 좋지 않다고 생각하고 있다. 그리고 자존심이 강해서 확실한 근거가 없으면 다른 사람의 의견을 좀처럼 듣지 않는다. 당신은 변화와 다양함을 좋아하고 방해받는 것을 아주 싫어한다.
아직 써먹지 않은 잠재 능력을 아주 많이 가지고 있다. 하지만 자신을 비하하는 경향이 있다.

이것을 읽고 섬뜩할 정도로 자기와 똑같다고 생각한다면 당신은 바넘 효과(Barnum Effect, 일반적인 점괘가 마치 자신을 묘사하는 것이라고 생각하고 받아들이는 현상)에 걸려든 것이다. 이것은 사실이라기보다는 상황을 설명한 것뿐이다. 위에 있는 말들은 대부분의 사람들에게 맞는다. 사실이 아닌 말은 쉽게 잊혀지지만 사실을 내포하고 있는 이야기는 기억에 남는다. 심리 연구가들은 만약 여기에 별자리를 표시해주지 않는다면 사람들은 어떤 문장이 자기와 맞는지 알지 못하지만 별자리를 함께 적어주면 자신의 별자리가 아주 정확하다고 믿는다는 사실을 밝혀냈다.

07 자유의 여신상을 잘 보려면 _생활 속의 기하학

어른들에게 학창시절 수학공부 중에서 어떤 분야가 가장 쓸모 없다고 생각했는지 물어보면 대부분 "모두 다요"라고 대답한다. 하지만 잘 생각해보면 기하학과 삼각법을 배우는 시간에는 지루한 하품만 했던 것 같다. 실제로 내 친구는 수업시간에 "선생님, 기하학은 왜 배우는 건가요? 무슨 도움을 주는지 말씀해주세요?"라고 질문해서 선생님을 당황하게 한 적이 있다.

우리 일상생활 속에는 기하학적인 계산으로 풀어야 할 문제들이 많다는 얘기에 의아해할 사람이 있을지도 모르겠다. 대부분 스포츠와 관련이 있다. 하지만 수학 문제를 푸는 것처럼 문제를 해결하는 것은 아니다. 복잡한 계산을 해내는 능력과는 상관없기 때문이다. 사람은 두뇌 중 조정과 조절, 제어를 관장하는 부분은 계산에 관해서 가히 천재적이다.

그 예로 공을 받는 과정을 생각해보자. 누군가 던진 테니스 공이 날

아올 때 여러분의 두뇌가 얼마나 수학적으로 설명하기 어려운 문제를 풀고 있는지 알고 있는가? 늘 공을 놓치는 사람이라면 이번에 변명할 수 있는 좋은 기회가 생긴 것이다.

스누커의 각

기하학은 구기 운동에서 많이 볼 수 있다. 스누커(영국에서 기원한 인기 있는 당구 게임의 일종)가 아주 대표적인 예다. 스누커 게임이 다음 그림과 같은 상황이 되었다고 가정해보자. 규정상 공을 치기 힘든 위치에 흰 공이 온 것이다. 경기자는 흰 공을 쳐서 빨간 공을 맞춰야 하는데 이때 검은 공을 맞추면 안 된다. 이렇게 하려면 흰 공이 테이블 가장자리의 쿠션에 맞고 튀어나오게 해야 한다. 이때 중요한 것은 쿠션 어느 부분에 흰 공이 부딪쳐야 하는가이다.

흰 공이 쿠션 어느 지점에 맞아야 하는지를 결정할 수 있는 간단한 원리가 있다. 테이블 바로 옆으로 평행하게 쿠션의 길이에 딱 맞는 거울이 있다고 생각하면 그 거울에 빨간 공이 비칠 것이다. 거울에 상으

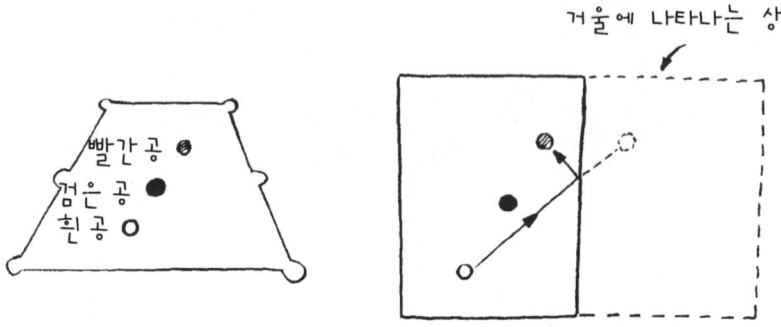

로 나타나는 빨간 공을 맞춘다는 생각으로 흰 공을 때리면 나머지는 쿠션이 다 알아서 할 것이다.* (이 원리는 스누커가 나오기 한참 전인 기원전 75년경 알렉산드리아 시대 그리스 수학자인 헤론이 발견했다.)

TV로 스누커 경기를 볼 때면 어떤 공이 넣기 쉽고 어떤 공이 어려운지 얘기할 수 있다. 그렇다면 다음 그림에 있는 검은 공의 세 가지 위치를 살펴보자. A, B, C 중 가장 넣기 힘든 자리가 어디일까?

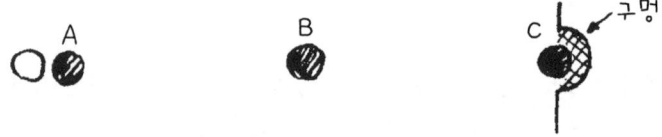

검은 공이 A, B, C 위치에 있을 각각의 경우
검은 공이 어느 위치에 있을 때 가장 넣기 쉬울까?

검은 공이 B위치에 있을 때 구멍 안에 공이 들어가기 가장 어렵다. 그 이유는 수학 공식으로 설명할 수 있다(다음 상자 참고).

실력이 없는 사람이라면 공식이 성립하지 않을 테고, 정확성이 떨어질수록 검은 공은 포켓 안에 들어가기 힘들어진다. 큐를 제대로 다

---

* 이 경우는 쿠션에 닿았을 때의 스핀 효과가 없을 때다.

가운데 있는 공이 왜 어려울까?

스누커를 잘하는 사람은 마음먹은 방향으로 흰 공을 조준할 때 거의 정확한 일직선을 그린다. 하지만 언제나 완벽한 것은 아니다. 경기자가 실수를 하는 것은 α라고 부르는 각 때문이다.

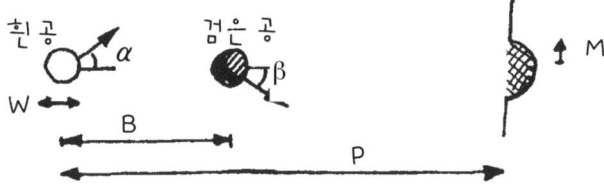

흰 공이 완전히 똑바로 가는 것은 아니기 때문에 검은 공은 각 β만큼 빗겨나간다. 스누커를 아주 잘하는 사람의 경우에는 α의 크기가 작다. 그러면 자연히 β의 크기도 작아진다. 이것은 $\sin(\alpha)=\alpha$라고 하는 근사치를 이용할 수 있다는 뜻이다. 이제 검은 공이 포켓의 중앙(M)을 빗겨가는 거리를 계산할 수 있는 비교적 간단한 공식을 이끌어낼 수 있다.

$$M = \frac{(P-B)(B-W)}{W}$$

이때 W는 공의 지름, P는 흰 공의 중심에서 포켓까지의 거리, B는 흰 공의 중심에서 검은 공 중심까지의 거리다. B=P(검은 공이 포켓에 거의 닿아 있는 경우)일 때나 B=W(검은 공과 흰 공이 붙어 있을 경우)일 때는 M이 0으로 검은 공이 정확히 포켓에 들어간다. 공이 포켓에 가장 들어가기 어려운 경우는 B=1/2×(P+W), 즉 흰 공과 포켓의 가운데에 검은 공이 있을 때다.

루지 못할 정도의 초보자라면 검은 공이 A에 있다 해도 공을 넣는 것은 불가능하다. 집어넣는 것은 고사하고 흰 공으로 검은 공을 맞추기도 힘들 것이다.

럭비에서 이기려면

기하학 문제를 잘 해결하고 있는 또 다른 운동선수는 럭비 키커다.
 럭비는 상대편 진지에 가서 공을 찍음(트라이)으로써 득점을 얻는다. 그리고 컨버전 킥(conversion kick)을 하여 득점을 더한다. 컨버전 킥은 트라이 득점 지점에 수직인 선 위에 공을 놓고 한다.
 키커는 공을 어느 위치에 놓아야 할까? 만약에 터치라인에 공을 놓는다면 골포스트에는 가까워지지만 포스트 간의 간격을 제대로 볼 수 없다. 그렇다고 공을 경기장의 반대편 반쪽에 놓게 되면 키커가 포스트 정면에 서게 되지만 너무 멀리 떨어져 있기 때문에 포스트들이

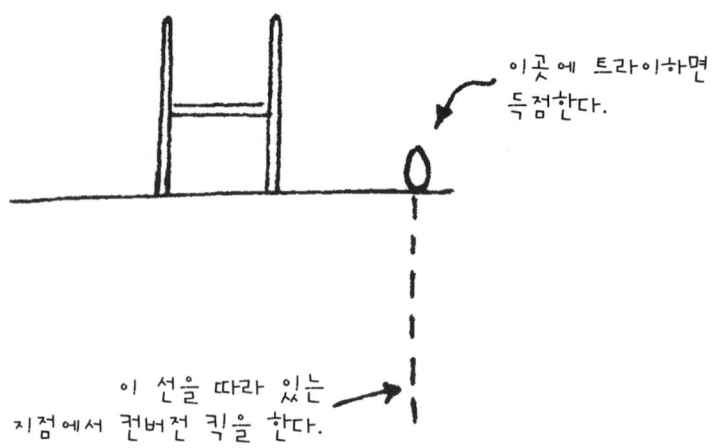

아주 가까이 있는 것처럼 보인다. 하지만 터치라인과 경기장의 반대편 사이에 공을 차는 위치에 따라 포스트 사이의 간격이 더 커진다. 그리고 그 각이 가장 작은 위치에 있어야 한다. 그 지점을 어디로 할 것인가가 중요하다(엄밀히 말하면 공이 휘는 것이나 선수가 공을 찰 수 있는 거리와 같은 사항들은 무시해야 한다).

이것은 간단한 기하학 문제이다. 두 포스트를 통과하면서 컨버전 라인과 만나는 원을 그려보자. 원이 접선에 닿는 지점이 가장 공을 차기 좋은 곳이다(아래 상자 참고).

하지만 이 방법에는 예외가 있다. 만약 트라이가 포스트 사이에서 이루어졌다면 키커가 공을 차기 편하고 포스트와도 가까운 곳에서

접선에서 공을 차자!

컨버전 라인이 접선이다

원의 접선

공차기 좋은 지점

키커가 두 포스트 사이를 조준해야 하는 각이 $10°$라면 그 $10°$는 이 원 위에 있는 어느 점에서부터 포스트 간의 각이 된다. 원 바깥쪽에 있는 점에서는 어디든지 그 각이 $10°$보다는 작다. 다시 말하면 컨버전 라인을 따라 있는 다른 점에서는 포스트 간의 사잇각이 접점에서 더 작아진다는 것이다.

차야 한다. 이 경우에는 포스트가 마주 보게 된 각은 점점 커지고 공은 포스트와 더 가까이 놓인다. 이제 문제가 되는 것은 공이 골대를 넘어간 경우이다. 키커가 터치라인에 공을 놓으면 컨버전은 불가능할 테니 말이다.

자유의 여신상 보기

각이 관계되는 상황은 럭비뿐만 아니다. 각에 대한 문제는 조각상을 가장 잘 볼 수 있는 위치를 찾는 관광객과도 관련이 있다. 자유의 여신상이 아주 좋은 예다. 자유의 여신상의 높이는 46미터이고 그것은 47미터 높이의 큰 주춧돌 위에 있다.

만일 주춧돌에 가까이 서서 올려다본다면 여신상 전체를 볼 수는 있다. 하지만 보는 각도가 작기 때문에 여신상을 제대로 볼 수 없을

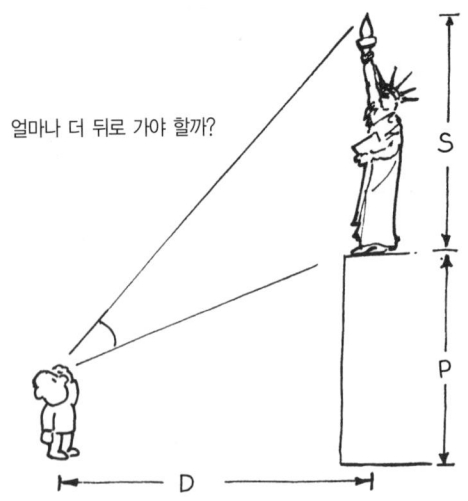

것이다. 조금씩 뒤로 물러나면 여신상이 시야를 채워 점점 더 잘 보인다. 하지만 잘 보기 위해 뒤로 물러나는 것도 한계가 있다. 예를 들어 리버티아일랜드 나루터에서는 여신상의 측면이 훨씬 더 잘 보인다. 하지만 시야를 꽉 채우지는 못한다(그 거리에서는 여신상 전체가 카메라 프레임에 쉽게 잡힌다).

그렇다면 여신상 바로 앞에서부터 나루터 사이에는 여신상이 가장 잘 보이는 지점이 있을 것이다. 가장 큰 각으로 볼 수 있는 지점 말이다. 이것은 럭비에서 각의 문제와 같다.

여신상은 다음 그림처럼 발끝과 횃불을 지나는 원에 접선을 긋고 눈을 그 접선에 두면 가장 잘 볼 수 있다. 이때 여신상에서 얼마나 멀리 떨어져야 하는지를 계산하는 공식에서는 바닥이 평평하다고 가정한다. 거리는 약 66미터가 될 것이다. 하지만 여신상이 있는 잔디밭

주춧돌의 높이를 P, 여신상의 높이를 S라 할 때, 거리 D를 구하는 공식은 $D=\sqrt{(S\times P)+P^2}$

원의 일부

66m

7. 자유의 여신상을 잘 보려면

은 약간 경사져 내려간다. 그래서 근접하긴 하지만 정확히 66미터는 아니다. 추측해보면 잔디밭 끝에서 몇 미터 안쪽으로 자유의 여신상이 제대로 보이는 지점이 있을 것이다. 아니면 뒷목이 뻣뻣해지는 것이 싫은 사람은 바닷가에 있는 난간에 기대어보면 된다.

    이 공식은 다른 동상에도 적용할 수 있다. 리우데자네이루에 있는 구세주 상은 적어도 17미터 정도 떨어져서 봐야 한눈에 볼 수 있다.

    또한 영국에 있는 넬슨 동상을 제대로 보려면 화이트홀 위에 있는 찰스 1세의 상 옆까지 가야 한다. 찰스 1세의 동상은 도로의 안전 지대에 있기 때문에 구경하는 동안 버스가 달려드는 일은 없을 것이다.

SOS 해상 기동대

따지기를 좋아하는 사람들이 말하기를 TV 시리즈 'SOS 해상 기동대'(해변에서 구조요원들이 겪는 갖가지 에피소드로 구성된 드라마로 몸매가 좋은 남성과 여성 탤런트들이 출연한다.)를 보는 많은 사람들은 각도보다는 곡선에 관심이 더 많다고 한다. 하지만 구조대원이 물에 빠진 사람을 구하러 들어갈 때마다 각도에 대한 의문이 생긴다. 물

에 빠진 사람은 구조대원 바로 앞에 있을 리 없고 그는 각을 두고 출발할 것이다. 사람을 구하기 위해서 구조대원은 모래사장을 가로질러 달려가 물 속으로 뛰어들고 헤엄쳐가야 한다.

구조대원은 수영보다 달리기가 더 빠르다. 문제는 어떻게 하면 가능한 한 빨리 물에 빠진 사람에게 가는가이다. 언뜻 보면 두 가지 확실한 방법이 있는 것 같다.

1. 물에 빠진 사람을 향해 직선을 그린다. 두 점 사이의 최단 거리는 직선이라는 사실 때문에 괜찮은 방법 같다.
2. 허우적거리고 있는 사람과 수직이 되는 해안선의 한 점을 보고 바다에 뛰어드는 방법이다. 이는 구조대원이 수영하는 거리가 가장 짧은 지점이다. 이 방법도 이해된다.

어디로 가야 할까?

두 방법 중 하나는 분명히 다른 방법보다 빠르다. 그리고 이것은 물에 빠진 사람이 얼마나 멀리 떨어져 있는지, 구조대원이 얼마나 빨리

가장 빠른 길

수영을 할 수 있는지, 허우적거리는 사람이 있는 각은 얼마나 되는지에 따라 달라진다. 하지만 두 방법 어느 것도 최소한의 시간이 걸리는 것은 아니다. 실제로 가장 빠른 방법은 이 두 가지 사이에 있다.

이 해상기동대의 방법은 빛이 유리를 통해 굴절되는 방향과 똑같다. 빛이 유리를 통과할 때는 그 속도가 느려지는데 한 점에서 다른 점까지 도달하는 빛의 경로는 언제나 최소시간이 걸린다.

각(s)을 정확히 구하는 공식은 다음과 같다.

$$\frac{\sin(s)}{\sin(w)} = \frac{모래\ 위에서\ 뛰는\ 속도}{수영\ 속도}$$

드라마를 보던 사람들은 이제 이렇게 말할지도 모른다.

"거의 옷을 입지 않은 여자가 물에 빠졌을 때도 구조대원이 항상 가장 짧은 거리를 택할지 좀 봐야겠어요."

08 비밀을 지키려면 _암호는 스파이만 하는 것일까?

1587년 스코틀랜드의 메리 여왕은 엘리자베스 1세 여왕의 명령에 따라 런던 타워에 있는 방에서 불려 나와 처형되었다.

메리 여왕은 왜 그렇게 끔찍한 운명을 맞이하게 된 걸까? 신교도 국가에서 가톨릭 신자였기 때문이었을까? 왕권 교체를 위한 계략의 일부였을까? 이 두 가지 모두 메리 여왕의 운명에 영향을 주었다.

하지만 무엇보다도 메리 여왕이 처형당하게 된 결정적인 이유는 비밀을 지키지 못했기 때문이다. 메리 여왕이 비밀을 일부러 누설하려 했다는 것은 아니다. 메리는 후원자들에게 보내는 문서를 암호화하였다. 그런데 불행히도 그 문서를 엘리자베스 여왕의 비밀요원이었던 프랜시스 월싱험이 가로챘던 것이다. 월싱험이 문서의 암호를 풀고 음모가 있다는 사실을 발견하는 데는 그리 오래 걸리지 않았다.

메리 여왕 이전에도 수세기 동안 비밀 문서를 누설시키지 않으려는 시도가 있었다. 특히 정부나 군대에서는 비밀 정보가 의도된 곳에 제대로 도착하지 않으면 무용지물이 되어버리는 방법이 필요했다. 이 방법은 점차 과학적으로 발전하였는데, 이유는 정보를 가로챈 사람들이 그것을 해독해내는 솜씨가 아주 정교했기 때문이었다.

암호를 만들고 푸는 일은 대개 전쟁과 관련이 있지만 암호화하는 것이 오늘날만큼 중요한 적은 없었다. 요즘에는 별다른 의식 없이 암호화된 문서를 일상생활에서 주고받고 있는데, 현금 카드나 금융 거래에서 전자우편, 위성 TV에 이르기까지 전자로 전달되는 대부분의 정보는 모두 암호화된 것이다.

이 암호화 속에 있는 전자공학적인 내용은 너무 복잡해서 이 장에서는 다루지 않는다. 다만 암호를 만들고 푸는 일과 관련 있는 수학적 원리를 다룰 것이다. 그러기 위해서는 2000년 전에 끝난 펠로폰네소스 전쟁까지 거슬러 올라가야 한다.

초기의 암호

최초로 알려진 암호는 군대가 사용했다. 우리가 초기 암호에 대해 알 수 있는 것은 헤로도투스와 다른 그리스의 역사가들 덕분이다. 스파르타의 지도자였던 리샌더가 사용했던 암호는 '스키테일(scytale)'이라고 불렸다. 메시지를 보내는 사람은 점점 가늘어지는 나무막대, 즉 스키테일을 긴 가죽끈으로 싼다. 그리고 나무막대를 싸고 있는 가죽끈 위에 메시지를 적는다. 그 끈을 풀어보면 겉으로 보기에는 아무것이나 섞인 듯한 문자들이 적혀 있다. 그 끈을 상대방에게 보내는 것이다. 그러면 받은 사람은 똑같은 모양의 스키테일을 가지고 만들었던

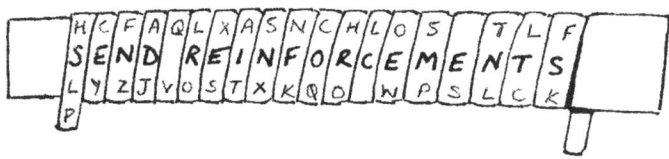

스키테일

과정을 반대로 하여 메시지를 읽는다. 이 암호 방법에서 아주 중요한 부분이 점점 가늘어지는 막대. 만일 스키테일이 일정한 굵기의 막대라면 암호화된 문자들은 일정한 간격으로 떨어져 있을 것이다. 하지만 막대가 점점 가늘어지기 때문에 암호화된 문자는 불규칙적으로 자리잡고 있어서 나무막대의 알맞은 크기나 가죽끈의 시작점을 찾지 못하면 암호를 풀기 어려웠다.

율리우스 카이사르는 암호화하는 다른 방법을 발견했다. 각각의 알파벳을 그보다 3개 앞에 있는 알파벳으로 대치하는 방식이었다. 고대 로마는 J, U, W가 없는 23개의 알파벳을 사용하였다. 카이사르의 암호 열쇠는 다음과 같다.

보통 알파벳 A B C D E F G H I K L M N O P Q R S T V X Y Z
암   호 D E F G H I K L M N O P Q R S T V X Y Z A B C

카이사르(Caesar)의 이름을 이 방식으로 표기하면 'FDHXDV'가 된다. 이 방법은 '카이사르 방식'으로 알려져왔다.

아우구스투스 황제도 비슷한 방법을 사용한 것을 보면 분명히 그도 카이사르의 암호 표기법이 맘에 들었던 것 같다. 하지만 알파벳을 세 자리씩이나 옮기는 것은 아우구스투스에게 복잡한 일이었다. 그래서

그는 한 자리씩만 옮기는 방법을 채택하였다. 즉, AVGVSTVS(아우구스투스)를 암호로 적으면 BXHXTVXT가 된다. 당시는 카이사르의 방법이 널리 알려져 있었기 때문에 아우구스투스의 암호는 전혀 노출될 위험이 없었다.

카이사르의 암호를 수학적으로 설명할 수 있다. 현대 영어의 알파벳을 사용한 다음 예를 보자.

보통 알파벳 ABCDEFGHIJKLMNOPQRSTUVWXYZ
암   호   DEFGHIJKLMNOPQRSTUVWXYZABC

알파벳을 1에서 26까지 숫자로 바꾼다.

알파벳 A B C D E F G H I J K L M N O P Q R S
숫 자   1 2 3 4 5 6 7 8 9 10 11 12 13 14 15 16 17 18 19
        T U V W X Y Z
        20 21 22 23 24 25 26

숫자를 암호로 만든다.

알파벳	D	E	F	G	H	I	J	K	L	M	N	O	P	Q	R	S	T	U
숫 자	4	5	6	7	8	9	10	11	12	13	14	15	16	17	18	19	20	21

	V	W	X	Y	Z	A	B	C
	22	23	24	25	26	1	2	3

문자열은 24번째 문자 X까지는 '암호=보통 알파벳+3'이라는 등식에 만족한다. X는 27이 아닌 1(즉, A)로 바뀐다. 이것은 어린아이들이 '시계 산수'라고 알고 있는 '모듈 산수'를 이용하면 쉽게 계산할 수 있다. 어떤 수가 26을 넘는다면 그 수에서 26의 배수를 뺀 나머지 1과 26 사이에 있는 숫자가 되는 것이다.

코드와 암호

비밀 문서는 코드(code)와 암호(cipher) 두 가지로 분류된다.
코드는 외교관들이 잘 썼던 방법으로 단어나 구문을 다른 단어나 상징으로 바꾸어 사용하는 것이다. 예를 들어 'The King'은 항상 'My Aunt'로 코드화하는 것이다. 문서를 받은 사람은 암호를 풀기 위해 코드 책이 있어야 했다.
암호는 군에서 주로 사용되는 방법으로 각각의 문자를 다른 문자나 부호로 바꾸는 치환 암호(substitution cipher)이다. 정교한 암호는 문자의 순서가 뒤죽박죽인데 이것을 전치 암호(transposition cipher)라 한다.
현대 암호 표기법은 거의 이 방법을 사용한다.

따라서 이 암호법의 공식은 '암호=보통 알파벳+3(mod 26)'이다.

암호에 23을 더하면 원래 메시지가 된다. 따라서 이 암호를 해독하는 공식도 세울 수 있다. 바로 암호를 푸는 열쇠다. '보통 알파벳=암호+23(mod 26)'

위의 예들은 너무 간단해서 암호법을 굳이 공식화할 필요는 없다. 앞으로 살펴볼 것처럼 암호가 더 복잡해진다면 달라지겠지만 사실 모듈 산수는 오늘날 사용되는 복잡한 암호화 방식에서 중요한 작용을 한다. 그럼 좀더 정교한 암호화 방법을 살펴보자.

시계 산수(모듈 산수)

아이들은 이미 시계 보는 법을 배울 때 시계 산수, 즉 모듈 산수를 배운다. 4시의 13시간 후는 몇 시일까? 17시가 아니라 5시이다. 17에서 12의 배수를 뺀 나머지 1과 12 사이의 숫자가 되는 것이다.

이 방법을 이용하여 문제 하나를 풀어보자.

일터에서 지쳐 들어와 9시에 잠자리에 든 사람이 있다. 그가 아침 10시에 일어나려고 자명종을 맞추어놓았다면 몇 시간 동안 잠을 자게 될까? 아이들이라면 13시간 정도라고 대답할 것이다. 하지만 여러분은 금방 눈치챘을 것이다. 그날 밤 10시에 자명종이 울리는 바람에 한 시간밖에 못 잤다는 사실을.

치환 암호

메리 여왕은 그래도 카이사르보다 좀더 복잡한 암호를 만들었다. 그녀는 알파벳을 섞어놓거나 내용을 잘 알아보지 못하도록 가짜 문자나 상징표시들을 첨가하는 방법을 썼다. B는 C를 Z는 E를 나타내었다. 하지만 이 방법도 빈도수 분석에는 당해내지 못했다(다음 상자 참조).

빈도수 문제를 해결하는 방법은 사용되고 있는 암호 방식을 주기적으로 바꾸는 것이다. 다음 문장은 그 방법을 이용하여 암호화한 것이다. 이제 쉽게 암호를 풀 수 있을 것이다.

This sentencf ibt cggp gpetarvgf da wukpi vjg ngvvgt e vq ujkhv vjg coskdehw eb rqh hdfk wlph lw lv klw

이 문장의 해독은 아래에 있다.*

위의 문장에서 단어들은 길이로 구분할 수 있다. 암호를 만드는 사람들은 그 이유 때문에 단어들 사이에 빈 공간을 무시하고 알파벳을 5개씩 묶기도 한다. 그래서 위의 문장은 다음과 같이 쉽게 읽을 수 없게 바뀌었다.

thiss enten cfibt cggpg petar vgfda…

이런 암호 방식이 편리한 이유는 암호를 푸는 데 필요한 설명이 아

---

*This sentence has been encrypted by using the letter c to shift the alphabet by one each time it is hit.(이 문장은 'c'가 나올 때마다 하나씩 알파벳이 바뀌는 방법으로 암호화되었다.)

빈도수 분석과 스크래블

월싱엄은 메리 여왕의 암호를 해독하기 위해서 '빈도수 분석' 방법을 사용하였다.

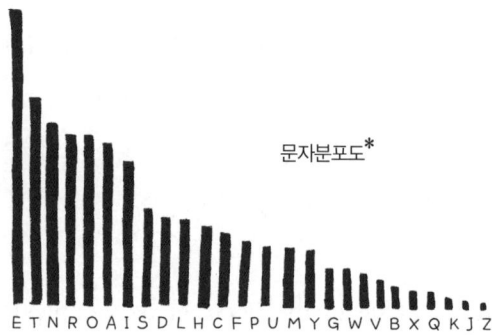

문자분포도*

영어에는 유난히 자주 사용되는 문자들이 있다. 그중 E가 빈도수가 가장 높다. 그 다음은 T인데, 긴 문서일수록 그 패턴을 쉽게 알 수 있다.
이 분포도는 전보회사에서 양이 많은 전보들을 표본으로 조사한 문자의 빈도수이다. E, T, N, R, O, A가 전체의 50% 이상을 차지하고 있는 고르지 않은 분포 덕분에 치환 암호를 쉽게 해독할 수 있다. 따라서 E가 같은 모양으로 암호화되지 않는 좀더 정교한 기술이 필요하다. 제2차 세계대전 때 독일에서 생산된 에니그마(ENIGMA)라는 기계는 모든 문자를 암호로 바꾸었는데 그 빈도수를 조사한 결과 분포가 수평적으로 나타났다. 이 점이 에니그마에 의한 암호를 해독하기 어렵게 만들었다. 하지만 빈도수 분석은 여전히 암호를 해독하는 사람들의 주 도구가 되고 있다.

* 문자분포도는 스크래블 게임(game of Scrabble, 단어 만들기 게임으로 각 알파벳에 점수가 매겨져 있다.)과도 관련이 있다. 문자의 빈도수가 낮을수록 점수는 높다. 예외적인 것은 U이다. U는 1점뿐이다. U('you')를 없애는 것은 쉬운 일이 아닐 테니 말이다.

주 간단하다는 것이다. 암호를 받은 사람은 'C1' 방식만 알고 있으면 된다. 이때, C는 전환키가 되는 문자이고 1은 매번 알파벳이 바뀌는 횟수이다. 가장 이상적인 암호는 열쇠만 있으면 간단하게 풀 수 있지만 그 열쇠가 아니면 풀리지 않는 것이다. 과거 전쟁에서는 스파이들이 눈에 쉽게 띄었는데 그 이유는 암호 해독법이 기록되어 있는 책을 들고 다녔기 때문이다. 그리고 그 책은 C1과 같은 간단한 설명보다 적들이 훨씬 알아보기 쉬운 것이었다.

치환 행렬

암호화되는 문자가 하나의 문자가 아닌 두 개의 문자라면 그 암호는 훨씬 풀기 어렵다. 간단한 치환 암호에서라면 'A CAB'가 'D FDE'로 암호화될 것이다. 이번에는 문자 두 개를 한 쌍으로 암호화한 행렬을 사용하는 좀더 정교한 방법을 살펴보자. 이 방법대로라면 A CAB는 AC AB가 되고 다음을 이용하여 암호화된다.

AC는 JW, AB는 GP이므로 A CAB의 암호는 J WGP이다. 이때 두 개의 A는 서로 다른 두 문자 암호 J와 G로 나타났다. 이 암호를 해독하기 위해서는 26개가 아닌 26×26, 즉 676개의 문자가 2개씩 짝지어 있는 문자를 알아야 한다. 암호 해독자들을 아주 골치 아프게 하는 것이다. 하지만 유능한 해독자라면 그가 사용하는 큰 행렬을 가지고 있을 것이다. 그렇다면 자기만의 열쇠로 더 간단한 것을 가지고 있으면 되지 않을까? 같은 의미의 간단한 행렬이 없을까? 여기 있다!

A에서 Z까지 문자를 1에서 26까지의 숫자로 바꾸고 다음 두 공식

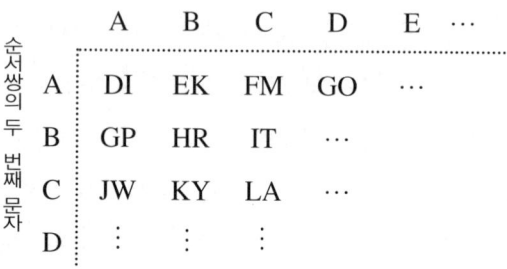

을 이용하여 암호 행렬을 다시 만드는 것이다. 이 공식에서 P_1과 P_2는 보통 알파벳들의 쌍을 숫자로 나타낸 것(예, A와 B는 1과 2이다)이고, C_1과 C_2는 암호화된 문자이다.

$$C_1 = 1 \times P_1 + 3 \times P_2 \pmod{26}$$
$$C_2 = 2 \times P_1 + 7 \times P_2 \pmod{26}$$

숫자 1, 2인 문자쌍 AB를 가지고 해보자.

A는 7(G)이 되고, B는 16(P)이 된다. 따라서 AB를 암호로 바꾸면 GP가 된다.

이 과정을 반대로 해보면 암호를 푸는 데 필요한 공식이 된다. 즉,

$$P_1 = 7 \times C_1 + 23 \times C_2 \pmod{26}$$
$$P_2 = 24 \times C_1 + 1 \times C_2 \pmod{26}$$

확인해보자. G는 7이고 P는 16이다. 그러므로 이렇게 된다.

$$P_1 = 7 \times 7 + 23 \times 16 \, (\text{mod } 26)$$
$$= 417 \, (\text{mod } 26)$$
$$= 1$$
$$= \text{'A'}$$

$$P_2 = 24 \times 7 + 16 \, (\text{mod } 26)$$
$$= 184 \, (\text{mod } 26)$$
$$= 2$$
$$= \text{'B'}$$

열쇠와 자물쇠 - 행렬의 새로운 활용

19세기 수학자들은 방정식을 표현하는 새로운 방식을 소개했다. 바로 행렬이다.

$$\begin{pmatrix} 1 & 3 \\ 2 & 7 \end{pmatrix}$$

이 행렬은 앞에서 설명한 두 암호 공식과 똑같다. 오히려 더 간단하지만. 그에 대한 해독 행렬은 첫 번째 행렬의 역이다.

$$\begin{pmatrix} 7 & 23 \\ 24 & 1 \end{pmatrix}$$

행렬이 스파이 활동이나 암호를 만드는 데 '열쇠'와 '자물쇠'처럼 중요하게 쓰인다는 사실은 학교에서는 가르치지 않는다.

휴, 이제 됐다. 암호 해독자는 공식에 있는 네 개의 숫자 7, 23, 24, 1(상자에서 보는 것처럼 원한다면 행렬로 만들 수도 있다)을 암호를 푸는 열쇠로 사용할 수 있다. 모든 암호를 다 계산하는 것은 쉽지 않을 것이다. 그럴 때는 컴퓨터에게 맡기자.

전치 암호

앞에서 본 암호화 방식들이 가지는 문제점은 문자의 순서가 바뀌지 않는다는 것이다. 단어 만들기 게임처럼 문자의 순서가 뒤섞인다면 암호를 해독하기란 쉽지 않을 것이다. 가장 간단한 방법은 사각형 안에 메시지를 써넣는 것이다. 예를 들면 WE HAVE RUN OUT OF BEER는 다음과 같이 쓸 수 있다.

W E H A V E
R U N O U T
O F B E E R

그리고 세로행으로 내려 읽으면 암호가 된다.

W R O E U F H N B A O E V U E E T R

사각형의 크기는 문자가 섞이는 순서를 결정짓는다. 그리고 그 크기는 메시지의 첫 부분에 전송된다. 예를 들어 DEAR(4자)

MOTHER(6자)는 4×6 크기의 사각형을 나타내는 데 사용될 수 있다. 이 암호화 방법은 미국 남북 전쟁 때 북부 지방에서 다양하게 변형되어 사용되었다.

이렇게 전치 암호법과 치환 암호법이 결합된 암호를 푸는 일은 정말로 복잡해지기 시작한다. 그래도 트랩도어만큼은 아니다.

북부군은 어떻게 이겼을까?

암호 표기법은 미국 남북 전쟁에서 큰 역할을 했다. 그리고 남북 전쟁 후에는 북부군들이 남부군들보다 훨씬 똑똑하다는 말이 돌았다. 에이브러햄 링컨이 지휘했던 북부군은 전치 암호를 사용하면서 암호를 풀 수 있는 열쇠를 규칙적으로 바꾸었다. 남부군들은 이 암호를 풀 수 없게 되자 마지막 수단으로 그들이 입수한 북부군들의 암호 메시지를 신문에 실어 일반인들에게 도움을 호소하기까지 했다.

그동안 남부군의 암호 체계는 엉망이 되었고 어떤 지휘관들은 율리우스 카이사르의 방법을 다시 사용하기도 했다. 이렇게 암호화된 많은 메시지들을 북부군이 쉽게 해독한 것은 당연한 일이지만 말이다.

트랩도어와 풀 수 없는 암호

이제까지 암호 표기법의 기본 원리들을 살펴보았다. 현대 암호 표기법은 어떻게 다루어지는가에 대해서는 그저 말할 수 없이 복잡해졌다는 것만 알면 된다. 다 컴퓨터가 이뤄낸 것이다.

최근 몇 년 사이에 암호 사용자들은 거의 완전한 암호라고 말하는 것을 만들어냈다. 지구상에 있는 어떤 강력한 기계도 깨지 못하지만 컴퓨터만 있으면 만들기도 쉽고 해독하기도 쉬운 것이다.

수년 동안 수학 교수들은 대학에서 '수론'을 주제로 계속 연구해 왔다. 수학에서 이 분야는 순수학문에 속해 있었다. 이 추상적인 주제에 대한 실질적인 응용분야로 알려진 것은 거의 없었는데, 1976년이 되어서야 비로소 그 실용분야가 생겨났다. 그 해에 수이론가 디피(Diffie), 헬먼(Hellman), 머클(Merkle) 세 사람은 그들의 암호 표기법에 딱 들어맞는 트랩도어 함수(특별한 열쇠를 모르면 역변환의 계산이 어려워지는 수리적 과정)를 발견한 것이다.

'한 방향' 성질 때문에 트랩도어(trapdoor)라고 불리는 이 암호는 일단 들어가기는 쉬운데 정확한 방법을 알고 있지 못하면 빠져나오기가 힘들다.

여기 수학적인 트랩도어가 있다. 다음 두 문제를 푸는 데 시간이 얼마나 걸리는지 측정해보자.

문제 1   13×23은?
문제 2   곱해서 323이 되는 두 수는?

1번은 계산기로 풀면 금방 299가 나온다. 반면 2번 문제를 푸는 데는 시행착오가 있기 때문에 시간이 더 걸린다. 답은 17×19이다. 17과 19가 소수, 즉 1과 자기 자신 이외에 어떤 다른 수로도 나누어지지 않는 수이므로 이 답은 유일한 것이다.

17과 19를 곱하는 일은 323의 인수를 찾는 것보다 훨씬 쉽다. 그렇다면 생각해보자. 선택된 두 소수가 100자리의 긴 숫자라면 어떨까? 컴퓨터는 그 두 수를 곱하는 데 몇 초밖에 걸리지 않는다. 하지만 결과 값에서 곱해진 두 소수가 무엇인지 찾는 데는 컴퓨터도 몇백만 년이 걸릴지 모른다. 왜냐하면 계산해봐야 하는 경우의 수가 너무 많기 때문이다. 이것이 트랩도어의 비밀이다.

트랩도어 암호 표기법을 이용하여 메시지를 암호로 만들기 위해서는 먼저 암호 사용자가 아주 큰 소수 두 개를 선택한다. 각각 100자리 수로. 이 두 숫자를 곱해 200자리 수의 더 큰 숫자를 만든다. 앞으로 이 숫자를 M으로 부르기로 하자. 마지막으로 세 번째 소수를 선택하는데, 이것은 큰 수일 필요는 없다. 세 번째 숫자를 101이라고 하고 P로 부르자.

원래 메시지를 하나의 숫자로 바꾼다. 예를 들어 A 01, B 02, ······ 이라면 'SEND MORE MONEY'라는 메시지는 '19051404131518 051315140525'가 된다. 이것이 암호화되어야 한다. 이제부터 복잡해진다.

8. 비밀을 지키려면 117

메시지의 수를 P번 곱한 후 모듈 산수를 사용한다. 앞에 있던 예들은 모듈 26으로 계산한 암호화 방법이다. 이는 모듈 M으로 계산하는 트랩도어 함수와는 비교도 되지 않는 것이다(M은 두 개의 큰 소수를 곱해서 만든 200자리 숫자이다). 그 결과도 200자리 숫자가 될 것이다. 200자리의 숫자가 처음 메시지를 나타낸다. 하지만 전혀 읽을 수 없는 모양을 가지게 된다(원래 메시지 SEND MORE MONEY는 26자리 숫자밖에 안 되어서 암호화된 메시지처럼 보이지 않았다).

이 시점에서 메시지를 보내는 사람은 암호 해독자에게 이렇게 말한다. "자, 풀어보시지 친구!" 계산을 거꾸로 하기 위해서 암호 해독자는 M의 소인수 두 개를 찾아야 한다. 아무리 성능 좋은 컴퓨터라 해도 찾는데 한 백만 년쯤 걸릴 것이다. 하지만 일단 소인수를 찾아내기만 하면 메시지를 읽어내는 것은 시간 문제다. 그 두 수가 트랩도어를 따라 돌아가는 길을 보여줄 테니 말이다.

트랩도어 함수는 중요한 수학적 기술로서 전자우편이나 은행 잔고 또는 위성 TV 방송을 불법적으로 보는 것을 막는 데 사용된다. 그리고 트랩도어 함수는 실용적이지 못했던 수학 영역에 최고의 수학 두뇌들이 달려들게 하는 학문으로 바꾸어놓았다.

09 왜 버스는 한꺼번에 올까? _버스 기다리는 시간 줄이기

버스를 타려고 한참을 기다렸는데 타려던 버스 세 대가 한꺼번에 왔던 경험을 누구나 해보았을 것이다. 이 일은 도시에서 일어나는 전설적인 일이다. 하지만 수학자들에 따르면 이것은 진짜 전설이 된다. 버스 세 대가 언제나 한꺼번에 오는 것은 아니다. 두 대가 한꺼번에 올 때도 있는데, 그 이유는 다음 상자에서 설명한다.

버스 세 대가 한꺼번에 온다고 잠깐 동안 생각해보자. 이것이 사실이라면 우리가 잘 알고 있는 출퇴근길의 악몽은 더 이상 악몽이 아닐 것이다.

어쩌면 여러분은 꼭 시간을 지켜야 하는 약속이 있을 때면 언제나 버스를 놓치는 사람일지도 모른다. 바로 코앞에서 버스를 놓치면 무척 안타까울 것이다. 하지만 다음에 버스 세 대가 한꺼번에 온다면 앞 버스를 놓쳤기 때문에 더 빨리 약속 장소에 도착할 수도 있다.

어떻게 가능할까? 버스를 놓쳤는데 그것이 오히려 잘된 일이라구?

이 현상을 조사하기 위해서 수학적인 모델로 알려진, 실제 상황을 숫자로 계산해 단순화하는 방법을 이용해보자. 상상력이 풍부하면 아주 효과적인 방법이 될 것이다.

전화위복

버스가 15분 간격으로 종점에서 출발하는데 당신이 서 있는 정거장에 버스 세 대가 연이어 왔다고 생각해보자. 더군다나 한꺼번에 온 버스들의 시간차는 1분이다.

이 버스 세 대가 종점을 떠난 시간은 총 45분. 그림에서 보는 것처럼 이어서 온 세 대의 버스와 그 다음 버스와는 43분 차이가 난다.

모이기 전

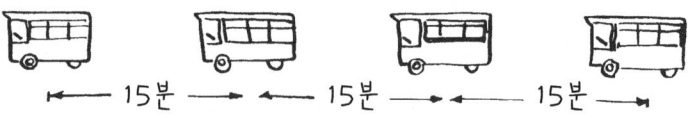

모인 후

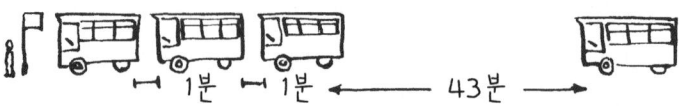

이번에는 정류장에 도착했는데 버스가 막 떠나는 것을 보았다고 하자. 그 버스가 한꺼번에 연이어 오는 버스 중 몇 번째 것인지 알 수 없다. 만약 첫 번째나 두 번째 버스였다면 다음 버스는 1분만 기다리면 된다. 하지만 세 번째 버스였다면 43분을 기다려야 한다.

 이것으로 다음 버스를 기다려야 하는 평균 시간을 알 수 있다.

$$\frac{1분 + 1분 + 43분}{3} = 15분$$

 이번에는 정거장에 도착했을 때 버스가 없었다면, 다시 말해서 버스를 놓친 것이 아니라면 버스와 버스 사이 시간에 정거장에 도착한 것이다. 다행히 간격이 1분일 때 도착할 수도 있지만, 긴 간격, 즉 세 번째 버스와 그 다음 버스가 들어오는 43분짜리 간격에 들어올 확률 ($\frac{43}{45}$)이 더 높다. 이 경우 평균적으로 기다려야 하는 시간은 $\frac{43+0}{2}$ =21.5분이다. 여러분이 1분 사이에 도착한 경우를 제외한다 해도 정류장에 도착했을 때 떠나는 버스도 보지 못했다면 떠나는 버스를 보았을 때, 즉 버스를 놓쳤을 때보다 평균 5분 이상 더 기다려야 한다.

 결과적으로 버스를 놓쳤을 때 전체적으로 시간을 단축시킬 수 있다는 것이다.

 하지만 이 신기한 결과는 버스 세 대가 연이어 오는 경우에만 해당된다. 그리고 상자에서 설명하는 것처럼 버스는 세 대가 한꺼번에 오는 경우보다 두 대가 몰려오는 경우가 훨씬 많다. 만일 두 대가 이어서 온다면 한 대를 놓친 것은 기다리는 시간에 아무런 영향도 주지 않는다.

 반면에 버스가 몰려오는 경우가 없다면 버스를 놓친 사람에게는 아주 안 좋은 상황이 된다. 이럴 경우 버스를 놓친다면 15분 동안 기다려야 한다. 하지만 떠나는 버스도 보지 못한 경우라면 평균적으로 7.5분 정도만 기다리면 된다. 막 출발하는 버스를 보았다면 적어도 오늘 버스 운행을 한다는 것은 확인한 것이다.

정말 세 대가 한꺼번에 오나?

버스가 한꺼번에 몰려오는 이유는 버스 회사의 배차 간격 조정과는 아무 관계가 없다. 어쩔 수 없이 생기는 현상이다. 버스가 정확히 15분마다 출발한다 해도 정거장에 있는 승객들의 수가 항상 일정한 것이 아니다.

어떤 정거장에서는 버스를 타려는 많은 사람들이 한꺼번에 몰려드는 바람에 출발이 늦어진다. 그러면 다음 정거장에는 더 많은 사람들이 기다리게 된다. 그러는 동안 다음 버스는 더 가까워지고 두 버스 사이 시간차가 짧아져 뒤에 오는 버스를 타는 사람은 점점 줄어든다.

결국 뒤에 오던 버스는 속력이 더 빨라진다. 이제 나중에 출발한 버스는 거의 앞 버스를 따라잡고 그러다가 두 대의 버스가 나란히 달리게 된다. 이렇게 버스 두 대가 몰려오는 것이다.

버스 노선을 더 따라가다 보면 또 다른 버스가 합류할 가능성도 있다. 그래서 긴 버스 노선이 끝나가는 지점으로 갈수록 여러 대의 버스가 연이어 지나가는 것을 볼 수 있다. 배차 간격이 짧은 버스일수록, 다시 말하면 신속한 서비스를 하는 버스일수록 이런 일이 자주 일어난다.

두 방향으로 가는 버스와 기차

버스가 한꺼번에 몰려오는 것과 관련된 현상이 또 하나 있다. 여러분이 버스를 타는 정거장이 버스가 순환하는 지점 가까이 있다고 가정해보자. 버스를 타려고 정거장에 서 있을 때면 여러분이 가려는 방향으로 오는 버스보다는 반대편에서 지나가는 버스를 더 많이 보게 될 것이다. 꼭 일부러 그러는 것처럼 말이다. 이런 일로 불평해야 할까? 이렇게 뭔가 공평한 것 같지 않은 버스에 관한 문제는 다음 상자의 상황과도 비슷하다.

그럼 당신만의 버스 노선을 위해 시간을 정해보자. 당신이 서 있는 정거장은 노선 끝에서 1분 거리에 있다. 그리고 버스가 전체 노선을 도는 데는 15분 걸린다. 즉 버스가 15분마다 온다는 뜻이다. 버스 정거장에 도착했을 때 버스가 긴 쪽 노선을 돌고 있다면 당신은 13분의 간격 안에 있는 것이고, 버스가 노선의 끝을 달리고 있다면 2분 간격 안에 있게 된다. 당신이 아무 때나 도착한다 해도 오랫동안 기다려야 할 경우는 13:2이다. 그리고 당신이 첫번째로 보는 버스는 반대편에서 종점으로 가고 있는 버스일 것이다. 이 버스 노선에 얼마나 많은 버스가 있는지는 상관없다. 버스가 15분마다 오기만 한다면 이 비율은 적용된다. 그래서 버스는 반대편으로 더 자주 다니는 것처럼 보인다. 실제로는 아닌데 말이다.

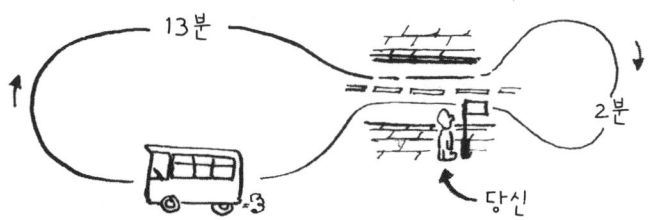

두 명의 애인

필에게는 애인이 두 명 있다. 그는 애인을 만날 때 기차를 타고 간다. 베키라는 여자는 도시의 북부에 살고 사라는 남부에 살고 있다. 필은 두 명 중 누굴 만나야 할지 언제나 고민이었다. 그러다가 마침내는 운명에 맡기기로 결심했다. 그는 시간을 정하지 않고 기차역으로 갔다. 도착했을 때 북부행 기차가 먼저 오면 베키를 만나러 가고, 남부행 기차가 먼저 오면 사라를 만나기로 한 것이다. 그런데 한 달 후에 필은 어떤 운명이 작용하는 것 같은 느낌이 들었다. 이제까지 베키는 2번 만났고 사라는 28번 만난 것이다. 이게 무슨 일일까?

이 문제는 기차가 오는 빈도수와는 관계가 없다. 기차는 남부행과 북부행이 같은 횟수로 온다. 이에 대한 설명은 아주 간단하다. 남부행 기차는 매시 정각과 15분, 30분, 45분에 도착한다. 그리고 북부행 기차는 매시 1분, 16분, 31분, 46분에 온다. 정해진 시간 없이 역에 도착했을 때 필은 북부행 기차가 도착하는데 걸리는 짧은 시간 간격 사이에 있을 경우보다 남부행 기차가 도착하는 데 걸리는 긴 시간 간격 사이에 있을 가능성이 높다.

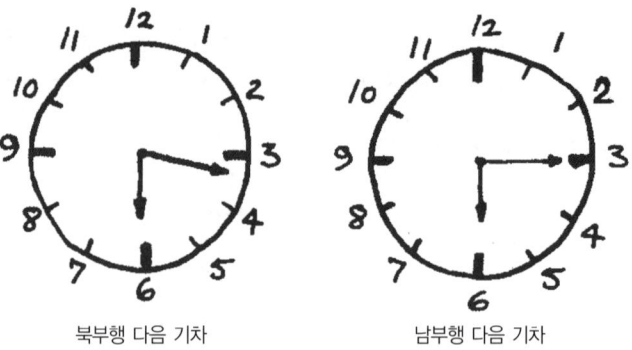

북부행 다음 기차   남부행 다음 기차

비를 맞지 않으려면

지금까지 버스나 기차를 기다리는 상황에 대한 여러 가지 이야기를 했는데, 어느 때는 걸어야 하는 경우도 생긴다. 이럴 때 설상가상으로 비가 오기 시작하는데 우산이 없다면…….

이런 상황에서 흔한 질문을 하나 해보자. 걸어갈 것인가, 뛰어갈 것인가? 뛴다면 앞에서 내리는 빗방울까지 모두 맞아야 한다는 것을 생각하자. 뛰지 않고 걷는다면 뛸 때보다는 비를 맞는 시간이 더 길어질 것이다. 어떤 수학자는 몇 년 동안 이 문제를 연구했다. 그 결과는 비를 덜 맞으려면 가능한 한 빨리 뛰어야 한다는 것이다. 아주 상식적인 얘기다.

여기 이 문제에 대한 한 가지 기발한 생각이 있다. 기존의 해법은 빗방울이 수직으로 떨어진다고 가정하고 있다. 하지만 바람이 불거나 비가 비스듬히 내린다면 어떻게 될까?

빗방울이 하늘에서 수직으로 떨어지고 사람이 똑바로 서 있는 상태라면 머리와 어깨만 젖는다. 그런데 마침 뒤에서 바람이 불어온다면 가만히 서 있기만 해도 등까지 젖을 것이다. 비가 수평으로도 내리는 것처럼 말이다. 비에는 수평 속도(horizontal speed)가 있다. 그 기발

빨리 가는 것이 손해인 경우도 있다.

어째서 뛰는 것보다 걸을 때 비를 덜 맞을까?

빗방울이 각 K만큼 기울어져 걸어가는 사람의 등으로 떨어진다고 하자.

계산을 간단히 하기 위해서 사람을 직육면체의 나무토막이라고 생각하자 (손과 발은 묶이고 머리는 잘려나가서 그 모양이 보기 흉할 것이다). 계산에는 일곱 가지 인수가 필요하다.

V 빗방울이 떨어지는 속도
K 빗방울이 떨어지는 각
D 빗방울의 밀도(Kg/m^3)
A_t 걸어가는 사람의 윗면적
A_f 걸어가는 사람의 앞면적
H 목적지까지의 거리
V_p 사람이 뛰는 속도

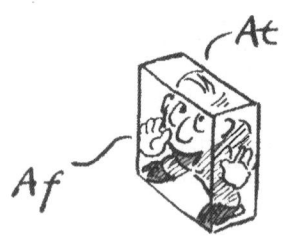

대수학에는 공간에 관한 문제가 없다. 하지만 아래 공식은 나무토막 모양이 된 사람이 앞면과 윗면에 맞는 비의 양을 각각 계산하고 이 둘을 더하

는 방법으로 만들어졌다.
적어도 비의 수평 속도만큼만 움직일 수 있다면 그때 맞는 비의 전체 양 (Kg)은

$$DA_fH + \frac{DHA_tVcosk}{V_p} V_p(1 - \frac{A_f}{A_t}tanK)$$

이다. 이 공식에서 중요한 부분은 괄호 안에 있는 식이다.
만일 $\frac{A_f}{A_t}$tanK가 1보다 큰 수라면 이 식의 우항은 음수가 된다.
즉 이 사람이 맞은 비의 양이 줄어드는 것이다. 사람은 뛰거나 걷는 속도 (V_p)를 조절할 수 있으므로 비를 가능한 한 적게 맞으려면 $\frac{A_f}{A_t}$tanK가 1보다 큰 경우에는 비의 수평 속도보다 빨라서는 안 된다. 얼마나 다행인가!
앞면적은 윗면적에 5.0배 정도이다. tan15°는 약 0.2, 따라서 비가 떨어지는 각이 15° 이상일 때 비를 최대한 적게 맞는 방법은 비의 수평 속도만큼의 빠르기로 움직이는 것이다.

한 생각은 빗방울이 등뒤로 떨어질 때는 뛰는 것보다 걷는 편이 낫다는 것이다. 하지만 이 경우는 비가 내리는 수평 속도보다 더 빨리 걸을 수 있을 때 적용된다.

비를 맞는 양을 계산하는 공식은 앞 상자에 실려 있다. 결과를 요약하면 다음과 같다.

보통 체격인 사람이 보통 속도로 걸을 때 뒤에서 비를 맞는다면 전

속력으로 뛰는 것보다 천천히 걸을 때 비를 덜 맞는다.

다시 말하면 뛰는 것보다 걷는 것이 더 나을 때가 있다!

이렇게 색다른 결과가 나온 이유는 설명된 조건에서 더 빨리 뛰면 비를 맞는 시간이 짧아져서 머리에 맞는 비의 양은 줄어들지만 그에 비해 앞면에 맞는 양은 더 많다는 것이다.

물론 이를 완전히 이해하려면 공식을 몰랐을 때보다 비를 더 많이 맞아봐야 할 것이다.

10 케이크 자르는 법 _수학 문제를 위한 티타임

오후에 차를 마시는 일은 영국의 대중적인 관습이다. 너무나 일상적인 이 관습이 수학과 관련이 있다고 생각하기 어려울지도 모른다. 하지만 4시의 이 기분 좋은 의식에는 수학이 도움을 줄 수 있는 흥미로운 문제들이 숨어 있다.

차를 따르는 중요한 일부터 시작해보자.

차를 마실 때 가장 중요한 것은 온도를 알맞게 맞추는 일이다. 그 온도는 처음에 컵이 입에 닿을 때 입술이 델 정도로 뜨겁다가도 마지막 모금을 마실 때에는 아주 미지근해진다. 찻잔의 온기를 어떻게 하면 가장 잘 유지할 수 있는가 하는 것은 마을 축제를 열고 있는 사람들뿐만 아니라 물리학을 공부하는 학생들도 관심을 갖는 수학적인 문제다.

우유를 먼저 넣고 차를 넣어야 하는가 아니면 차를 부은 후에 우유를 따라야 하는가? 어떤 면에서는 논쟁의 여지가 있기도 하지만 그 차이는 분명히 있다.

우유를 먼저 따르는 것이 맛과 사회적 지위에 어떤 영향을 주는가 하는 것은 또 다른 문제다.

어떤 것을 먼저 넣을까?

우유를 먼저 넣는 것이 좀더 오랫동안 찻잔에 있는 열을 유지한다는 것이 일반적인 생각이다. 어떤 물체가 열을 잃는 정도는 그 자체의 온도와 주변의 온도 차이에 따라 결정된다. 그런데 우유가 없는 상태로 뜨거운 차를 바로 부으면 느끼기에 아주 미세한 차이라도 열은 더 빨리 식어버린다.

싸구려 컵에 뜨거운 차를 먼저 붓는 것은 위험하다. 갑자기 온도가 변하면 두꺼운 자기라도 금이 갈 수 있기 때문이다. 깨지기 쉬운 얇은 잔은 열이 컵 바깥 표면으로 빨리 전달되므로 뜨거운 차를 따라도 쉽게 금에 가지 않는다. 그래서 부유층에게는 우유보다 차를 먼저 따르는 것이 널리 퍼져 있었다. '우리는 뜨거운 차에도 금이 가지 않는 찻잔을 가지고 있다' 는 말도 여기에서 나왔다.

횟수 최소화하기

차에 대한 이야기는 이쯤 해두자. 그렇다면 케이크는 어떤가? 케이크를 자르는 간단한 일에도 수많은 수학 원리가 들어 있다. 그리고 그

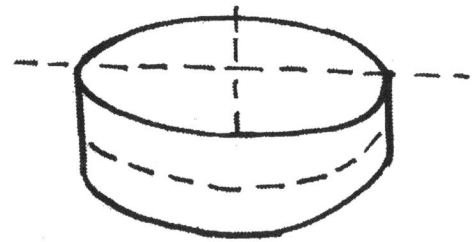

많은 원리들은 빅토리아 시대 이후 퍼즐로 전해지고 있다.

예를 들어 8명의 아이들에게 나누어줄 생일 케이크가 있다고 하자. 케이크 조각을 옮기지 않고 세 번만 잘라서 케이크를 8등분할 수 있는가?

이에 대한 대답은 상식에서 벗어난 생각을 필요로 한다. 위에서 두 번 자르고 다음에 수평으로 케이크의 가운데를 자르면 된다.

하지만 케이크에 설탕가루옷이 입혀져 있거나 아몬드가 얹혀 있다면 케이크의 아래쪽에 있는 조각을 받는 아이는 투덜댈 것이다. 사실 케이크 전체에 설탕가루옷이 입혀 있다면 다른 문제가 생긴다.

케이크가 정사각형이고 똑같은 크기로 잘라야 한다고 가정해보자. 또 그 조각들이 모두 같은 양의 설탕가루옷을 입고 있어야 한다면? 둘이나 네 조각, 여덟 조각으로 자르는 것은 케이크를 반으로 나누고 그것을 다시 나누는 간단한 방법으로 가능하다. 하지만 홀수 개로 나누어야 할 때는 어떻게 해야 할까? 이런 경우에는 몇 조각을 내야 하느냐에 관계 없이 사용할 수 있는 기발한 방법이 있다.

그 정사각형 둘레의 길이를 똑같이 나누어 표시를 해두기만 하면 된다. 예를 들어 손님이 일곱 명이라면 사각형의 둘레를 7등분하여

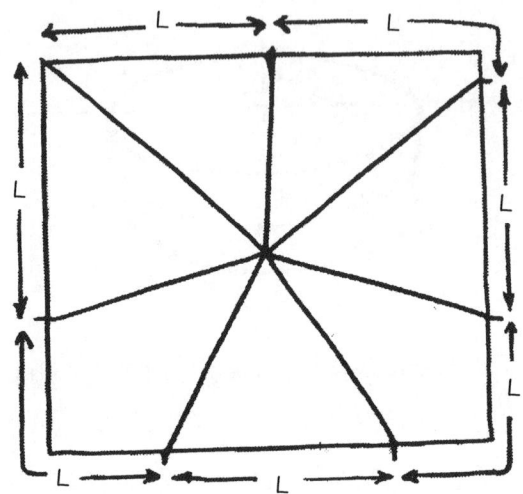

표시한 다음 케이크의 정중앙을 찾아내어 다음 그림처럼 잘라보자. 이 일곱 조각은 똑같은 부피를 가지고 있고 다음 상자에 설명되어 있는 것처럼 같은 양의 설탕가루옷을 입고 있을 것이다.

이 방법은 어떤 정다각형 모양의 케이크라도 같이 적용된다. 만일 삼각형 케이크를 10조각 내고 싶다면 둘레를 10등분해 표시하는 것이다. 이 얘기를 잘 기억하고 있자. 어느날 누군가 삼각형 케이크를 만들지도 모르니까.

똑같이 나누기

아이들에게 케이크를 똑같이 나누어주는 일은 보통 문제가 아니다. 케이크가 불공평하게 나뉘어졌다고 생각하면 투정을 부릴 테니까 말

정사각형 케이크 자르기의 비밀

케이크를 자르는 데 둘레를 이용하는 방법에 대한 증명은 간단한 삼각형의 성질에 기본을 두고 있다. 한 변이 25cm인 정사각형 모양의 케이크를 5등분을 한다고 생각해보자. 이때 각 조각들은 같은 양의 설탕가루옷을 입고 있어야 한다. 아래 그림에 있는 케이크는 둘레의 길이를 나누어 다섯 조각으로 만든 것이다. 그 조각들을 오른쪽에 늘어놓았다. 그리고 왼쪽에 붙여진 둘레에 있는 점 a, b, c, d, e, f, g, h도 오른쪽에 표시되어 있다.

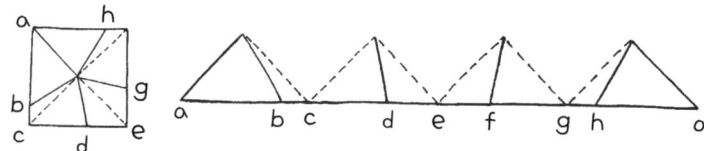

각 조각의 크기를 계산하기 위해서 삼각형의 넓이를 구하는 공식만 알면 된다. 삼각형 넓이 = $\frac{1}{2}$ × 밑변 × 높이. 각 삼각형의 높이는 12.5cm(완전한 사각형 케이크일 때 한 변의 길이의 반)로 모두 같다. 케이크 한 조각은 둘레 길이 $\frac{1}{5}$, 즉 밑변의 10cm이다. 그래서 한 조각의 넓이는 모두 $\frac{1}{2}$ × 10 × 12.5 = 62.5cm²이다. 둘레를 이용한 방법은 몇 조각으로 나눌 것인지에 상관없이 적용된다.

이다. 어른들이라면 속으로 기분 나빠할 테지만.

그럼, 케이크가 잘 나뉘어졌는지 어떻게 확신할 수 있을까? 스펀지 크림 케이크가 있다고 하자. 이것을 단 한 번에 완벽하게 2등분할 수 있을까?

간단한 문제부터 풀어가자. 톰과 케이티의 엄마는 케이크를 아이들에게 똑같이 나누어주고 싶어한다. 하지만 두 아이 모두 엄마가 케이크를 정확하게 둘로 나누지 못할 거라고 생각한다. 그 둘은 서로가 작은 것을 먹게 되지 않을까 걱정하고 있다. 과연 엄마는 어떻게 해야 아이들에게 케이크를 똑같은 크기로 나눌 수 있을까?

먼저 톰에게 칼을 주고 케이크를 둘로 나누라고 한 다음, 케이티에게 원하는 조각을 고르게 하는 것이다. 톰은 자기가 2등분이라고 생각하는 대로 똑같이 케이크를 나눌 것이고 케이티는 보기에 더 크다고 생각되는 조각을 고를 것이다. 좀더 생각해보면 이것은 재미있는 결과를 보여준다. 톰은 케이크를 분명히 반으로 나누었고 케이티는 자기가 생각하기에 조금이라도 큰 것을 가져온다. 톰의 반쪽에다 케이티의 반쪽보다 조금 더 큰 것을 합하면 결국 하나보다 조금 더 큰 케이크가 된다. 이 수학의 논리를 결과에만 집중시킨다면 아이들의 관점에서 볼 때 케이크는 처음 있었던 것보다 결국 더 커지게 된다. 이 사실은 아이들이 바라는 대로 해주고 싶어하는 부모들에게 희소식일 것이다.

하지만 아이가 셋이라면 문제는 복잡해진다. 엠마가 지금 막 도착했다고 하자. 간단한 방법은 톰에게 케이크를 셋으로 똑같이 나누게 한 뒤 케이티가 먼저 집어가고 엠마가 두 번째로 고르게 하는 것이다. 하지만 케이티와 엠마는 자기들이 톰보다 더 잘 나눌 수 있다고 생각할 수도 있고 한편으로 엠마는 케이티가 더 큰 케이크를 가졌다고 느낄지도 모른다.

이것이 시샘의 수학(mathematics of envy)이다. 이 문제는 많은 수학자들이 연구해왔고 각자가 가장 큰 것을 가졌다고 생각하도록 케이크를 셋으로 나누는 방법이 고안되었다. 메스르 브람스와 테일러는 네 사람에 관한 문제도 연구하였는데 그 결과 놀랄 만한 접근법을 20단계나 만들어냈다. 이 방법은 각자 자기가 가장 큰 케이크 조각을 골랐다고 생각하도록 나눌 수 있음을 보여준다. 하지만 이 방법에서 가장 불리한 점은 케이크 조각을 아주 얇은 조각으로 만들어야 한다는 점이다. 그 일이 끝날 때까지 기다리는 사람은 거의 없을 테지만, 끈적거리는 케이크라면 엉망이 되고 말 것이다.

그러나 브람스와 테일러는 자신들의 방법이 케이크 이외의 것에는 적용할 수 있다는 것을 발견했다. 즉, 전쟁 후에 영토를 나누는 문제나, 이혼하는 부부의 재산 분배 문제 또는 유산을 나누는 문제들이 이에 속한다. 이 모든 것은 케이크와 샌드위치가 공정의 수학(mathematics of justice)을 연구하는 데 좋은 출발점이 된다는 것을 증명하고 있다. 이것들은 또한 양심의 가책 연구(the study of guilt)에 좋은 출발점이기도 하다.

햄 샌드위치 정리

'햄 샌드위치 정리'는 수학자 존 터키(John Tukey)와 아서 스톤(Arthur Stone)이 고안했다. 이 정리는 어떤 입체물 세 개의 부피는 이 세 물체가 어디에 놓여 있고 크기와 모양이 어떤가에 상관 없이 한 평면을 2등분할 수 있다는 것을 보여준다. 세 가지 입체물은 식빵 두 장과 그 사이를 채운 햄이고, 이등분하는 평면은 칼이 된다. 두 장의 빵 조각이 무슨 모양이든지(두 장은 각각 달라도 된다), 또는 햄이 무슨 모양이든지 상관없이 한 번을 썰어서 정확히 두 조각으로 만들 수 있다는 것이다.

하지만 안타까운 일은 2등분되는 정확한 위치는 알려주지 않고 단지 그런 절단이 존재한다는 것만을 말하고 있다는 것이다.

양심의 가책

어느 날 옆집으로 이사온 부인이 여러분을 포함해서 이웃에 사는 5명에게 차를 마시러 오라고 초대했다고 하자. 여러분이 갔을 때 부인은 주전자와 5개의 비스킷이 있는 접시를 들고 나왔다. 그런데 비스킷

중 4개는 초코칩이 박혀 있고 나머지 하나는 아무것도 들어 있지 않은 비스킷이었다. 여러분은 사람들이 초코칩 비스킷을 더 좋아한다는 것을 알 것이다.

테이블 위에 비스킷 접시를 두고 모두들 열심히 수다를 떨고 있는 동안 세 명이 나란히 초코칩 비스킷을 먼저 집어먹는다. 이제 초코칩 비스킷과 아무것도 들어 있지 않은 비스킷이 하나씩 남아 있는 접시를 보면서 당신은 갈등하기 시작할 것이다.

'내가 아무것도 들어 있지 않은 비스킷을 먹으면 내 입이 즐겁지는 않아도 미안한 맘은 들지 않을 거야. 하지만 초코칩 비스킷을 먹으면 맛은 있겠지만 저 사람한테 꽤 미안할 것 같은데. 어떻게 하면 좋지?'

여기서 궁금한 것은 '정말로 마지막으로 남은 초코칩 비스킷을 먹으면 양심이 찔릴까?' 이다. 물론 첫번째 사람이 보통 비스킷을 먹었다면 나머지 네 명은 아무 생각 없이 남은 초코칩 비스킷을 먹기만 하면 되었을 것이다. 이렇게 어렵고도 치사한 문제를 남겨주다니 처음 비스킷을 집어먹은 사람은 당신에게 미안해야 한다. 두 번째, 세 번째 사람도 마찬가지고 말이다.

이 문제 속에는 확률과 관련 있는 양심의 수학(the mathematics of guilt)이 있다. 80%의 사람들이 초코칩 비스킷을 좋아한다면 첫 번째 사람이 초코칩 비스킷을 먹었을 때 나머지 사람들 모두 그 비스킷을 먹고 싶어할 확률은 40%밖에 안 된다($0.8 \times 0.8 \times 0.8 \times 0.8$, 이것은 6장에 나오는 생일에 대한 계산과 유사하다). 이 정도라면 첫 번째 사람이 그렇게 미안해하지 않아도 된다.

하지만 초코칩 비스킷과 보통 비스킷 하나씩을 앞에 두고 있는 상황에서는 아직 아무것도 먹지 않은 사람이 초코칩 비스킷을 먹고 싶어할 확률이 80%로 껑충 뛰어오른다. 마음이 편치 않은 것은 당연한 일이다. 하지만 이미 초코칩 비스킷을 먹은 다른 사람들도 부담스럽다. 초콜릿을 먹은 사람들은 아무도 맘이 편하지 않다.

이 초코칩 비스킷에 대한 양심의 문제를 해결하기 위해 제안된 방법 몇 가지 있다. 첫 번째는 접시를 들고 다니면서 자리에 있는 사람들에게 아무것도 들어 있지 않은 비스킷이 먹고 싶은지 묻는다. 어떤 사람이 그 비스킷을 집어든다면 여러분은 미안한 마음 전혀 없이 먹고 싶은 초코칩 비스킷을 먹을 수 있다. 그런데 이 방법의 단점은 사람들은 누구나 마지막으로 남는 것 갖기를 좋아하지 않는다는 것이다. 그것이 초코칩 비스킷이든 다른 것이든 상관없이 말이다. 아무것도 들어 있지 않은 비스킷은 느닷없이 양심의 가책을 느끼게 하는 원인이 된 것이다.

또 다른 방법은 여러분이 사람들에게 배가 고프지 않다고 말하고 나머지 사람들끼리 비스킷 다섯 개를 나누어 먹게 하는 것이다. 어떤 사람은 이렇게 욕심 없는 여러분의 행동을 보고 다른 사람의 존경을 살 만하다고 앞으로 모든 사람들의 귀감이 될 수 있겠다고 할 것이다. 하지만 어떤 사람들은 내숭이라고 말할지도 모른다.

마지막 방법은 옆집 부인이 미안한 마음을 느끼도록 모두 떠넘기는 것이다.

"죄송하지만 우리는 모두 다섯인데 초코칩 비스킷은 네 개 밖에 없군요."

다시는 초대받지 못하겠지만.

모든 포테이토 칩에는 닮은꼴이 있다

포테이토 칩은 감자를 얇게 저며서 만든다는 것은 누구나 알고 있다. 그런데 그렇게 저민 감자는 모두 다른 모양일까? 보통 감자 두 개를 가지고 포테이토 칩을 만들다면 그 두 감자에서 똑같은 모양의 포테이도 칩이 각각 하나씩 만들어질 수 있을까?

놀랍게도 감자 두 개의 모양이 달라도 감자에서 각각 잘라낸 포테이토 칩 모양은 같을 수 있다. 어떻게 이럴 수 있을까? 감자가 딱딱하지 않고 비눗방울처럼 서로 연결할 수 있는 것이라고 생각해보자.

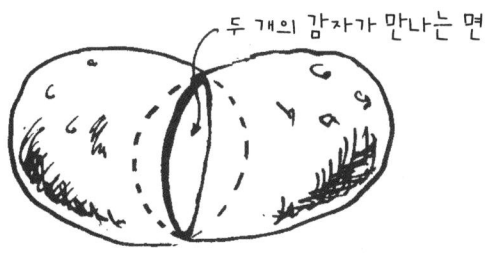

두 감자를 교차시켜보면 왼쪽에 있는 감자의 원주와 오른쪽에 있는 감자의 원주는 완전히 같은 모양을 하고 있다. 이 교차점에서는 하나의 포테이토 칩을 공유하고 있다는 의미다. 실제로 두 감자에는 이런 교차점이 무수히 존재하고 공유하고 있는 포테이토 칩이 셀 수 없이 많다. (단, 포테이토 칩이 아주 얇은 경우에 성립한다.)

11 속임수 없이 이기는 법 _인생의 모든 것은 게임

1947년 스티븐 포터는 '속임수 없이 게임에서 이기는 기술'을 설명한 게임스맨십(gamesmanship : 반칙 비슷한 술수를 써서 이기려 하는 것)의 기쁨을 세상에 알렸다. 게임스맨십의 열쇠는 심리적으로 상대의 기를 꺾어놓는 것이다. 스티븐 포터는 골프를 치고 있는 사람을 한 예로 들었다. 상대가 다음 샷을 치러 가고 있을 때 우리의 영웅은 장난을 치기 시작한다.

A : 자네가 치는 것을 보고 싶은 데 내가 여기 서 있어도 괜찮겠지? (상대가 공을 친다.) 굿샷!
B : 그렇지! 좋았어. 이럴 땐 왼팔을 쭉 뻗어야 한다구.
A : 맞아. 그런데 자네, 저번에 쳤던 것만 못한 걸.
B : (우쭐해서) 그랬나? (의심스러운 눈빛으로) 저번만 못했다구? (다시 생각하기 시작한다.)

승리를 최종 목적으로 한다는 점에서는 같을지 모르지만 게임스맨십이 게임 이론과 같은 것은 아니다. 게임 이론은 승리를 최대화할 수 있는 방법을 알려주는 포괄적인 이론이다. 여기서 '게임'이라는 단어는 가장 일반적인 의미로 쓰였고 서로 경쟁 관계에 있는 사람이 적어도 두 명은 있는 상황을 의미한다. 게임 이론은 오랫동안 연구되어온 수학의 한 분야이며 이것을 전공으로 하여 노벨상을 탄 사람이 두 명이나 있는, 군사적으로 경제적으로 중요한 학문이다.

게임 이론에 따르면 자기가 하고 있는 게임뿐만 아니라 상대가 무슨 생각을 하고 있는지도 생각해야 한다. 영국 크리켓 셀렉터의 회장이었던 테드 덱스터는 크리켓 팀을 뽑을 때 쓰는 전략에 대해서 이렇게 요약했다.

"상대팀에서 우리가 이것만은 하지 말았으면 하는 것을 하는 겁니다."

데이트 작전

게임의 예로 아주 간단한 것을 생각해보자. 저스틴과 톰은 샐리를 사이에 두고 사랑의 경쟁을 벌이고 있다. 샐리를 사모하는 두 남자는 토요일 파티에 그녀와 함께 가고 싶어한다. 문제는 둘 중 한 명은 성공하겠지만 어느 쪽이든 한 명은 실패한다는 것이다. 그런데 불행인지 다행인지 샐리는 두 남자 누구에게도 특별한 관심이 없다.

그녀는 오후 4시에 집으로 돌아온다. 그리고 톰과 저스틴은 다음 두 가지 중 한 가지만 할 수 있다.

- 4시에 샐리가 집에 도착하자마자 전화를 받게 한다.
- 직접 집에 찾아가 샐리를 만난다.

두 남자가 4시에 샐리에게 전화를 했을 때 샐리와 먼저 통화될 확률은 50:50이다.

저스틴은 샐리와 가까이 살아서 4시 15분까지 직접 만나러 갈 수 있다. 하지만 톰은 버스를 타야 하기 때문에 4시 30분에야 샐리의 집 앞에 도착할 수 있다.

그런데 여기에 함정이 있다. 두 남자는 샐리를 찾아가기만 하면 90%는 데이트할 수 있다는 것을 알고 있다(또 다른 녀석이 먼저 끼어들지 않는다면 말이다). 하지만 전화로 데이트 신청을 하면 받아들일 확률이 30% 정도밖에 안 된다고 생각한다.

꽤나 복잡한 문제이다. 이런 문제는 정신을 똑바로 차려야 한다. 이것이 당신의 사랑에 대한 문제라면 더욱 그렇다. 청춘들이라면 이 정도쯤 문제는 해결해야지! 자, 그렇다면 저스틴과 톰은 어떻게 해야 할까?

먼저 저스틴의 입장이 되어 생각해보자.

만약 저스틴이 톰보다 먼저 샐리와 통화를 하게 된다면 데이트에 성공할 확률은 낮은 편이다. 샐리가 전화에 대고 데이트를 거절할 수도 있기 때문이다. 저스틴이 톰보다 나중에 통화한다면 데이트할 확률은 훨씬 낮아진다. 저스틴이 직접 찾아간다면 어떻게 될까? 만일 톰도 샐리를 직접 만나서 데이트 신청을 할 생각이라면 저스틴은 이미 15분 일찍 샐리의 집에 도착하므로 저스틴이 데이트를 할 확률은 아주 높다. 하지만 톰이 전화를 하려 한다면 저스틴의 성공 확률은 조금 높을 뿐이다. 전화를 한 톰과 샐리가 이미 약속을 했을지도 모르기 때문이다. 이 모든 경우는 이득 행렬(pay-off matrix)이라는 다음과 같은 표로 나타낼 수 있다. 저스틴은 샐리에게 전화를 할 것인지(첫 번째 열) 직접 찾아갈 것인지(두 번째 열) 선택한다.

	저스틴이 전화를 하여 데이트를 하게 될 가능성	저스틴이 직접 찾아갈 경우 데이트를 하게 될 가능성
톰이 저스틴보다 먼저 전화할 경우	아주 낮음	다소 높음
톰이 저스틴보다 나중에 전화할 경우	다소 낮음	불가능한 경우
톰이 샐리를 직접 찾아갈 경우	다소 낮음	아주 높음

저스틴으로서는 샐리를 찾아갈 충분한 가치가 있다. 톰이 어떻게 하든 상관 없이 저스틴은 전화를 하는 것보다 찾아가는 편이 훨씬 낫다. 다시 말하면 표에서 각각의 경우 오른쪽 열이 왼쪽 열보다 결과가 좋다. 이것을 우위 전략(dominant strategy)이라 한다. 여기서 한 가지 알아야 할 점은 이 표에 있는 결과가 수치상 정확할 필요는 없다는 것이다.*

그렇다면 톰의 이득 행렬표는 어떨까?

이제 게임 이론이 적용될 때다. 위 표를 보면 톰이 데이트를 할 가능성이 다소 높은 경우는 직접 찾아갈 경우밖에 없다. 하지만 알다시피 저스틴은 샐리를 찾아가기만 하면 데이트를 할 수 있다. 그것이 저스틴의 우위 전략이기 때문이다. 톰이 전화를 하면 가능성은 다소 낮지만 샐리를 찾아갈 경우에는 거의 가능성이 없다. 따라서 톰은 샐리에게 전화를 하는 것이 가장 좋은 방법이다.

	톰이 전화하여 데이트를 하게 될 가능성	톰이 직접 찾아갈 경우 데이트를 하게 될 가능성
저스틴이 톰보다 먼저 전화할 경우	아주 낮음	다소 높음
저스틴이 톰보다 나중에 전화할 경우	다소 낮음	불가능한 경우
저스틴이 샐리를 직접 찾아갈 경우	다소 낮음	매우 낮음

* 이 표는 정확한 확률상 수치를 표기하고 있지 않다. 하지만 아주 높음은 90%, 다소 높음은 63%, 다소 낮음은 30%, 아주 낮음은 21%, 매우 낮음은 9%를 의미한다.

위의 예에서 보면 게임 이론은 최선의 방법을 예상해 보여주고 있다. 물론 방법이 최선이라고 해서 항상 결과가 최고가 되는 법은 아니다. 여러분이 궁금해할까봐 말하겠는데, 샐리는 데미안과 파티에 갔다. 데미안이 근사한 모터사이클을 몰고 샐리의 집 앞에 왔기 때문이다.

가위바위보

모든 게임이 참가자들에게 정확한 전략을 알려주지는 않는다. 가장 쉽게 할 수 있는 '가위바위보'를 생각해보자. 가위바위보를 하는 두 사람은 우선 한 손을 각자의 등 뒤에 두고 '가위바위보'라고 외치면서 자기가 정한 가위, 바위, 보, 셋 중에 하나를 낸다. 만약 같은 것을 냈다면 비긴 것이고 서로 다른 것을 냈다면 바위는 가위를, 가위는 보를, 보는 바위를 이긴 것이다.

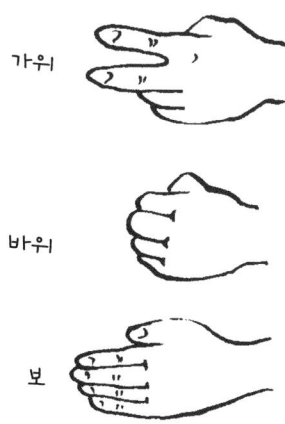

11. 속임수 없이 이기는 법　145

가위바위보는 이득 행렬을 이용해서 나타낼 수 있다. 한 번 이기면 1점을 얻고 비기면 점수가 없다.

시드가 낼 수 있는 것은 가위, 바위, 보 모두 세 가지이다. 도리스도 세 가지 중 하나를 낼 수 있다. 이 두 사람이 가위바위보를 할 때 나올 수 있는 결과가 다음 표에 있다.

	시드—가위	시드—바위	시드—보
도리스—가위	비김	시드가 이김	도리스가 이김
도리스—바위	도리스가 이김	비김	시드가 이김
도리스—보	시드가 이김	도리스가 이김	비김

앞에서 저스틴과 톰이 했던 데이트 게임과는 확실히 다르다. 여기에는 시드와 도리스가 이길 확률을 최대화하고, 질 확률을 최소화하기 위한 우위 전략이 존재하지 않는다. 시드의 입장에서 이 표를 보면 어떤 열을 선택해도 도리스가 어떤 것을 내느냐에 따라 이기거나 지거나 비긴다. 도리스도 마찬가지로 시드가 내는 것에 따라 이기거나 지거나 비긴다.

하지만 시드가 도리스가 다음에 무엇을 낼 것인지 알 수 있다면 아니면 반대로 도리스가 안다면 둘 중 한 명은 항상 진다. 가위바위보에서 상대방이 무엇을 낼지 안다면 그것은 완벽한 전략이다. 예를 들어 도리스가 다음에 가위를 낼 것이라는 것을 알았다면 시드는 주먹을 낼 것이다. 물론 이 경우 도리스가 계속 가위만 낸다면 어리석은 일이다.

실제로 가위바위보를 할 때 이길 수 있는 가장 좋은 방법은 여러분이 무엇을 생각하는지 상대가 알아차리지 못하도록 순서 없이 아무것이나 내는 것이다. 한쪽에서 상대방이 내는 방법을 알아차리기만 하면 이기게 되는데, 가위바위보는 이때부터 재미있다. 그런데 우리는 상대방의 생각을 읽는 것을 뒷전에 두고 가위바위보를 한다.

게임을 할 때 상대의 전략이 여러분의 결정에 직접적인 영향을 준다면 게임이론은 제 구실을 하는 것이다. 어떤 게임에는 경쟁자들 사이에 상호작용이 거의 존재하지 않는다. 전적으로 주사위에 의해서 결정되는 주사위 던지기 놀이에 이기기 위한 특별한 방법이 없는 것과 같다. 하지만 카드놀이나 축구, 크리켓에서는 상대방보다 앞서 생각하는 것이 가장 중요하다. 그리고 게임이론이 깊이 관련되어 있다.

광고 게임

게임 이론은 상업적인 면에서 아주 중요하다. 하지만 이 게임 이론은 다소 역설적일 수도 있다. 거의 같은 상품을 만드는 두 회사가 경쟁 시장에서 서로 더 많이 팔려고 필사적으로 노력하는 것을 종종 볼 수 있다. 가루비누나 고양이밥 같은 상품들을 다루는 시장의 전체 규모는 일정하다. 단지 시장 점유율이 변할 뿐이다(시장은 케이크와 같아서 기업들은 가장 큰 조각을 먹겠다고 서로 싸우는 것이다).

TV광고는 사람들의 구매욕을 일으키는 방법 중 하나다. '덴토클

린'과 '화이트프레시' 치약 브랜드가 있었다. 두 상품은 아무런 광고 없이 매년 200만 달러의 이익을 남겼다. 그런데 각 회사 영업이사는 다른 회사가 광고를 계획하고 있다는 것을 알게 되었다. 광고를 하는 데는 비용이 많이 든다. 하지만 경쟁사에서 광고를 하지 않는데 한 회사가 광고를 한다면 분명히 빠른 속도로 큰 이익을 보게 된다.

이 예에서 한 회사는 광고를 하고 다른 회사는 하지 않는다면 광고를 하지 않은 쪽은 더 이상 돈을 벌어들일 수 없다. 반면 두 회사가 모두 광고를 할 경우 그 결과는 간단히 말하면 서로에게 보상을 주고받는 꼴이 된다. 두 회사는 모두 더 이상의 이익을 내지 못하고 광고비로 각각 100만 달러씩 손해를 볼 것이다.

이 모든 것을 이득 행렬로 나타내면 이해가 빠르다.

그렇다면 화이트프레시 영업이사는 어떻게 생각할까? 그는 위 행렬을 보고 말할 것이다.

'덴토클린이 광고를 할 때 화이트프레시도 광고를 하면 100만 달러의 이득을 얻고, 우리가 광고를 하지 않는다면 아무 이익도 없군. 덴토클린이 광고를 하지 않고 우리가 광고를 한다면 화이트프레시의 이익은 300만 달러가 되고 광고를 하지 않으면 200만 달러를 벌게 되는데…… 그렇다면 덴토클린이 광고를 하든 하지 않든 화이트프레

시 광고는 하기만 하면 이득이 되겠어.'

	덴토클린을 광고하는 경우	텐토클린을 광고하지 않는 경우
화이트프레시를 광고하는 경우	두 회사 모두 100만 달러씩 이익	화이트프레시는 300만 달러의 이익 덴토클린은 이득 없음
화이트프레시를 광고하지 않는 경우	덴토클린은 300만 달러의 이익 화이트프레시는 이득 없음	두 회사 모두 200만 달러씩 이익

덴토클린 영업 이사도 행렬을 보고 같은 결론을 내린다. 결국 두 회사 모두 광고를 하기로 한다.

그런데 현재 그들의 수익은 100만 달러까지 떨어졌다. 둘 다 광고를 하지 않기로 했다면 초기 수익 200만 달러를 유지할 수 있었을 텐데 말이다. 이상하게도 두 회사는 아주 확실한 논리를 사용했는데도 실제적으로는 손해를 보았다. 그럼 도대체 누가 이익을 본 걸까? 소비자도 아니다. 실적이 저조해지자 덴토클린과 화이트프레시 가격을 올려 소비자 부담만 더해졌을 뿐이다. 유일한 수익자는 사례비로 200만 달러를 받은 광고 회사뿐이다.

11. 속임수 없이 이기는 법

> **반대의 결과가 나온 슈퍼마켓 전략**
>
> 1996년 영국의 슈퍼마켓들은 회원 카드 전쟁을 시작했다. 각 슈퍼마켓들은 다른 슈퍼마켓에서 발급하지 않는 회원 카드를 발급하면 수익이 많아질 것이라고 생각했다. 하지만 안타깝게도 한 슈퍼마켓에서 카드를 선보이자마자 다른 슈퍼마켓들도 어쩔 수 없이 그 카드를 발급하게 되었다. 이 게임은 슈퍼마켓들이 경쟁자들에게 이기기는커녕 카드에 그리고 할인판매로 손해보는 것으로 끝이 났다. 이는 기업들이 가끔은 '기업 연합'을 왜 더 선호하는지를 보여주는 전형적인 예이다.

페어 플레이

치약회사의 역설은 두 회사가 서로 경쟁을 했을 뿐 협력하지 않았기 때문에 일어난 일이다.* 더군다나 자유 시장 체제에서는 실제로 그렇게 하기 힘들다. 정말로 치약회사가 그 두 곳밖에 없다고 해보자. 그렇다면 더 많은 수익을 올리기 위해 두 회사는 동시에 가격을 올릴 수도 있다. 그래도 소비자들은 다른 선택을 할 수 없을 테니 말이다.

이러한 종류의 기업 연합은 '자유 시장' 게임을 불공평하게 만들 수도 있다. 그렇기 때문에 풋볼 게임에서처럼 규칙과 심판이 필요한

---

*이것은 서로 의논할 수 없었기 때문에 죄를 자백하고 결국은 오랜 형을 살게 된 두 죄수의 유명한 일화에서 나온 '죄수의 딜레마'로 알려진 수학적 역설과 유사하다.

것이다. 시장 경제에서는 공정거래위원회에서 그 일을 한다.

개인과 전체 그룹 사이의 이해관계가 갈등을 겪는 일은 고속도로에서도 나타난다. 고속도로를 달리고 있는데 '2km 앞 3차선에서 2차선으로 한 차선 차단'이라는 경고표시를 보았다고 하자. 여러분이 가운데 차선에서 서행을 하고 있다. 하지만 몇몇 이기적인 사람은 바깥 차선을 휙 달려 여러분보다 훨씬 앞으로 끼어든다. 여러분도 빨리 가고 싶다면 이렇게 얄미운 짓을 하면 된다. 하지만 모든 사람이 질서를 잘 지키고, 처음 경고표시를 보았을 때 두 차선으로 차근차근 진입한다면 차들은 더 빨리 달릴 수 있을 것이다. 운전자 몇 명의 이기적인 행동 때문에 모두가 불편한 것이다.

위의 마지막 두 예는 사람들이 의논이나 협동을 할 기회가 없기 때문에 모두에게 이득이 되는 방법을 쓰지 못하는 상황을 보여주었다. 그런데 이상하게도 모든 참가자들이 최고의 전략이 최고의 결과를 만들어내는 것은 아니라는 것에 동의하는 게임이 있다.

보험을 게임으로 생각해보자. 우리는 대부분 보험금을 받는다. 우리는 돈을 지불하고 보험회사는 그것으로 돈을 번다. 사기꾼이 아닌 다음에야 어떤 사람도 이득을 보겠다는 생각으로 이 게임을 하지 않는다. 실제로 보험을 들어 이득을 남기는 것은 불가능하다. 사업 경영을 위해서 그리고 주주들에게 지불하기 위해 차익금이 필요한 보험회사들은 받은 것 이상의 돈을 지불할 수 없다. 이렇게 전적으로 이득이 되지 않는 게임에 우리가 참가하는 이유는 큰 것을 잃을 가능성보다는 작은 것을 잃는 확실한 손해가 낫다고 생각하기 때문이다.(복권도 마찬가지 게임이다. 큰돈에 당첨될 가능성이 있다면 기꺼이 작은 돈을 내놓으니 말이다.)

모두가 지는 게임

마지막으로, 뒤로 물러설 줄 알고 아주 이성적인 사람이라면 절대 참가하지 않는 게임이 몇 가지 있다. 법적 투쟁과 실업 소송은 쌍방이 모두 손해를 보는 게임이다. 법정에 가거나 파업을 하는 이유를 종종 '원칙'의 문제라고 말하지만 원칙은 너무 비용이 많이 든다.

근로자가 5,000명인 회사가 있다고 하자. 그들이 10%의 임금 인상을 요구했고 회사측에서는 2%를 제안했다. 쌍방은 절대 양보할 수 없다고 했다. 하지만 이전에 있었던 많은 실례들로 보아 그들이 결국 중간쯤에서 타협을 볼 것이라는 것을 알고 있다. 타협점은 5~7% 사이 어딘가에 있을 것이다. 안타깝게도 끝까지 서로 양보하지 않고, 협상이 이루어지지 않아 노조는 파업에 들어갔다. 그렇게 힘겨운 한 달을 지낸 뒤에 회사는 6%에 노조와 타협을 본다. 둘은 그것을 승리로 환호했다.

수천만 달러가 임금 예산으로 돌려진다. 꽤 큰 액수이다. 회사는 노동 비용으로 들어간 예산뿐만 아니라 짧은 기간 동안 판매액에 손해를 보았고 몇몇 고정고객을 놓쳐버렸다. 그럭저럭 근로자들은 좀더 오른 급료를 받을 수 있을 것이다. 하지만 파업 기간 동안 손해본 수입을 보상할 만큼 돈을 버는 데 1년 이상 걸릴 수도 있다. 어떤 근로자들은 생산성 협상에 따라 직업을 잃을지도 모른다. 파업을 한 것이 결국은 근로자들이 회사가 처음 제시했던 값을 받아들였을 경우보다 전체적으로 수입이 적다는 의미가 된다.

모든 사람들이 손해를 본 듯하다. 앞에서 보았던 광고 게임처럼 협의나 협동이 없다면 두 쪽은 모두 어쩔 수 없이 '패배 전략(lose-lose strategy : 쌍방간 아무도 이득이 없는 것은 포기하는 전략)'을 채택해야 한다.

　게임이론이 우리에게 가르쳐주는 것이 있다면 함께 하지 말아야 할 게임도 있다는 것이다.

12 가장 위대한 스포츠 스타는? _랭킹 뒤에 숨은 수학

인간은 어려서부터 순위를 매기려는 본능이 있는 것 같다. 아이들은 두 팀 주장이 선수를 뽑을 때 운동장에 서 있던 줄에서부터 각자의 가치를 알기 시작한다. 이렇게 순위를 매기려는 습성은 어른이 되어서도 계속된다(보통은 여성보다 남성이 더 심하다). 우리는 누가 일등이고 누가 꼴찌인지, 누가 잘 나가고 또 성적이 부진한 사람이 누구인지 알고 싶어한다. 순위를 매기는 것이 현실을 단순화할 수도 있다는 점을 대수롭지 않게 여기고 있다. 명단의 맨 위에 있는 이름에는 설득력 있고 끌어당기는 뭔가가 있는 것이다.

스포츠만큼 순위를 매기는 일이 중요한 것도 없을 것이다. 순위는 좋은 헤드라인감이고, '누가 일등이야?' 하고 궁금해하는 대중의 욕구를 채워줄 수 있다. 테니스 랭킹처럼 어떤 순위는 선수가 경기에 참가할 것인지 아닌지에 영향을 주기도 한다. 또는 미식 축구 경기나 크리켓에서와 같이 관중들의 흥미를 위해 존재하는 순위도 있다.

　개인적으로 좋아하는 선수들의 랭킹을 정할 수도 있다. 하지만 이것이 공식적인 순위에 전적으로 반영될 수는 없는 일이다. 유러비전 송 컨테스트 같은 경우는 가능할 수도 있다. 하지만 스포츠팬들은 정확하게 믿을 만한 톱 텐(top 10)을 만들지 않는 한 전문가들의 판단이나 독자적인 평가들을 믿지 않는다. 이는 스포츠 랭킹은 그 기본을 수학에 두고 있기 때문이다. 수학은 정확하고 논리적이고 객관적이다. 그러니 이 또한 당연한 이치일 수밖에?

　하지만 안타깝게도 이 수학적인 랭킹에도 문제는 있다. 가장 실력이 좋은 선수가 1위에 오르지 못하는 경우가 있는 것이다. 그 이유는 무엇일까?

스포츠 랭킹이 만들어지기까지

30년 전만 해도 공식적인 세계 랭킹은 없었다. 주최측의 개인적인 생각에 따라 랭킹이 정해졌고 그렇지 않으면 일정 기간 동안 따낸 상금에 따라 자격을 주기도 했다. 이 두 방법은 모두 논쟁의 소지가 있는 것이었다. 얼굴이 잘 생기지 않았다는 이유로 랭킹에서 제외될 수도 있었고, 경기의 중요도와 관계없이 상금이 높게 정해질 경우에는 상금으로 랭킹을 정하는 방법도 문제가 되었다.

   1993년 세계 남자 테니스 협회(ATP)는 그 낡고 주관적인 방법을 더 이상 사용하지 않기로 했다. 협회는 점수 체계를 바꾸어 선수들이 '객관적으로' 비교될 수 있게 만들었다. 수학적인 모형이 세계 스포츠 랭킹에 처음으로 도입된 것이다. 그 뒤로 실제 모든 팀 경기와 개인 경기는 그것을 따랐다.

최초의 테니스 랭킹
(1973년 8월 23일)

1	나스타샤
2	오란테스
3	S. 스미스
4	애쉬
5	레이버
6	로즈월
7	뉴컴
8	파나타
9	오커
10	코너스

랭킹을 정하는 간단한 방법

랭킹을 정할 때 중요한 것은 공정해야 하고 일반 대중이 이해할 수 있어야 한다는 것이다. 복잡한 수학 공식은 스포츠팬들이 결과의 타당성을 쉽게 알 수 없기 때문에 의심을 불러일으킨다. 하지만 안타깝게도 공정성과 단순화는 공존하기가 쉽지 않다.

스포츠의 랭킹을 정하는 간단한 방법 두 가지를 보자.

1. 모든 경기의 점수를 합하는 방법

순위를 매기는 첫번째 방법은 모든 경기에서 얻은 점수를 이용하는 것이다. 선수나 팀은 가능한 한 많은 경기에 출전하여 순위 점수를 얻는다. 이것은 가장 쉽게 순위를 매기는 방법으로, 각 팀의 경기 수가 같아야 하는 축구 리그전에 아주 적당한 방법이다. 또한 포뮬러 레이싱(Formula Racing : 좁고 긴 차체에 바퀴가 밖으로 돌출한 경주용 차량으로 벌이는 경주. F1 경기)에도 이 방법이 쓰인다.

하지만 이것을 테니스나 골프와 같은 개인전에 도입할 경우에는 문제가 있다. 선수가 실제로 뛸 수 있는 육체적 한계보다 경기 수가 많기 때문이다. 특히 테니스는 선수가 부상을 입기 쉬운 스포츠인데, 모든 점수를 합해서 순위를 정하는 방식은 부상을 입은 선수도 높은 순위에 오르려면 경기에 참가해야 한다는 부담을 주게 된다. 이렇게 순위를 매기는 방식은 어떤 선수가 실력이 가장 좋은지뿐만 아니라 누구의 체력이 가장 좋은지도 알 수 있다. 이 점은 선수를 많이 가지고 있는 팀이 시즌 말에 유리한 야구나 농구에 잘 반영된다.

2. 평균 법칙

체력을 고려하지 않고 순위를 매기는 방법으로는 성과에 대한 평균을 이용하는 방법이 있다. 야구에서 타율이 이 방법으로 계산된다. 어떤 팀에 수비력이 비슷한 외야수가 두 명 있다고 해보자. 코치는 이제껏 둘 중 한 명을 시합에 두 배로 많이 뛰게 했다. 이 전략이 과연 옳은 것일까? 코치는 이를 확인하기 위해 두 선수의 타율을 계산해보기로 했다. 125타수 28안타를 치는 선수는 60타수 16안타를 치는 선수에 비해 잘하는 것일까? 평균을 계산하기 위해 안타수를 타수로 나눈다. 그 결과 첫번째 선수는 타율이 0.224이고 두 번째 선수는 0.266으로 두 번째 선수가 훨씬 좋은 타율이 나왔다. 코치는 이 결과를 보고 두 번째 선수를 더 많은 경기에 내보내야겠다고 생각할지도 모른다. 하지만 이는 시즌 동안 팀의 승리를 위해 애쓴 선수들의 노고에 대한 단편적인 평가에 불과한 것임을 알아야 한다. 첫번째 선수가 타율이 낮을지는 몰라도 한 번에 홈런이나 2루타, 3루타를 쳐내는 더 값나가는 선수가 될지도 모르는 일이니 말이다.

평균 점수제를 테니스에 도입하여 선수가 참가하는 경기수에 부담을 갖지 않아도 된다면 선수는 경기를 쉽게 포기할 수 있다. 무리하게 경기를 하는 것은 오히려 순위에 좋지 않은 영향을 줄 수 있기 때문이다. 예를 들어 한 선수가 10번의 경기에서 10,000점을 얻고(이때 평균은 1,000점) 11번째 경기에서 0점을 얻는다면 평균 점수는 $\frac{10000}{11}$ =909점으로 떨어지고 만다. 어떤 선수가 이런 위험을 감수하려고 하겠는가?

한편 어떤 경기에 참가한 선수들이 다른 선수들보다 월등히 실력이 좋은 경우에는 위의 두 방법은 모두 잘못 해석된다. 영국의 한 도시에서 열린 마이너리그 당구경기에서 우승한 것과 세계 챔피언전에서 우승한 것은 분명히 같은 점수는 아니다. 만약 점수가 같다면 리스트에 오른 이들이 모두 무명선수들일 것이다.

스포츠에서 순위를 정하는 데 더 복잡한 방법이 필요한 이유는 바로 위와 같은 문제점 때문이다. 순위를 정하는 대부분의 방법에서 기본이 되는 원리는 다음과 같다.

- 중요 경기에서 우승한 것에 더 많은 점수를 준다.
- 언제나 선수의 평균점수(실력에 대한 대가)와 누계점수(노력에 대한 대가)를 조합한다.
- 대부분의 순위는 지난해에 이룬 성적이 올해보다 좋지 않더라도 지난해의 성적도 계산에 포함시킨다.

이와 같은 기본 원리를 이용하는 방법은 운동 경기마다 다르다. 예를 들어 골프에 대한 '소니 랭킹'은 기본적으로는 평균을 내는 간단한

올림픽은 공정한가?

올림픽이 끝나면 신문은 금메달 수로 나라들의 순위를 매긴다. 이 간단한 기록표는 여러 분야에서 인정받는다. 하지만 이 표는 정작 금메달을 획득한 경기 종목의 중요성은 무시하고 있고, 금메달을 너무 강조하는 바람에 은메달은 안중에도 없어 보인다.
1996년 올림픽에서 영국(금메달 1, 은메달 8)은 알제리(금메달 2, 은메달 0) 다음으로 랭크되었다. 영국의 성적은 그리 좋지 못했다. 하지만 정말로 그 성적이 알제리보다 나빴던 것일까? 금메달 4점, 은메달 2점, 동메달을 1점으로 순위를 매긴다면 좀더 공정한 순위표가 될 텐데…….

방법을 사용하지만 출전한 경기 수가 충분하지 않은 선수들에 대해서는 적절한 방법으로 대응하고 있다. 즉 순위는 선수가 출전한 경기 수로 전체 점수를 나누어 계산된다. 출전한 경기가 10개 이하일 경우에는 전체 점수를 10으로 나눈다. 예를 들면 12경기에 출전하여 60점을 얻은 선수의 순위 평균은 $\frac{60}{12}=5.0$이고, 8경기에 출전하여 40점을 얻은 선수의 순위 평균은 $\frac{40}{10}=4.0$이다.

어쩌면 이 방법은 30번 경기에 출전한 선수보다 10번을 출전한 선수에게 유리할 수 있다. 왜냐하면 좋은 성적을 오랫동안 유지하기란 쉬운 일은 아니기 때문이다.

테니스와 축구의 순위는 그 해에 가장 좋은 성적만을 뽑는다(각각 가장 좋은 결과 14개, 8개를 랭킹에 계산한다). 이는 경기에 많이 출전한 선수에게 유리한 경향이 있는데 좋은 결과를 선택할 수 있는 폭이 넓어지기 때문이다.

어떤 운동 경기에서는 시즌 말에 결승 경기를 하고 있는 팀들 사이에서 순위를 정할 때 또 다른 문제가 생긴다. 그 예로 대학 축구경기에서는 순위에 대한 말다툼이 종종 일어나는데, 실력이 좋은 팀이 쉬운 상대와 경기를 하고 한편으로는 우승한 경험이 별로 없는 팀이 아주 어려운 상대와 경기를 했을 경우가 그렇다.

점수를 이용해 선수들의 순위를 매기는 완벽한 방법은 어떤 운동경기에서도 발견하지 못한 것 같다. 하지만 평균과 누계점수 사이의 문제가 해결된다 해도 스포츠에서 수학적으로 순위를 매기는 일은 여전히 이상이 있는 것처럼 보이는 결과가 나올 것이다.

반쪽짜리 경기

순위표를 보고서 잘못된 판단을 내리기가 얼마나 쉬운지 모른다. 여기 리그 결과표가 있다. 각 팀의 이름은 알파벳으로 대신했다. 이번 리그에 10팀이 참가했고 각 팀이 두 번씩(홈 경기와 원정 경기) 경기를 한 시즌 말의 기록표이다. 이겼을 경우에는 3점을, 무승부일 경우는 1점을 주었다.

	경기수	승	무승부	패	점수
A	18	11	2	5	35
B	18	9	4	5	31
C	18	9	3	6	30
D	18	8	3	7	27
E	18	7	5	6	26
F	18	7	3	8	24
G	18	6	5	7	23
H	18	5	6	7	21
I	18	3	8	7	17
J	18	3	5	10	14

여러분이라면 어떤 팀의 감독을 해고할 것인가? 다음 주에 A팀이 J팀과 경기를 한다면 누가 이길까?

확실한 대답은 J팀 감독을 해고하고 다음 주에 A팀이 이기는 쪽에 돈을 거는 거다. 하지만 이 경우에 판단을 완전히 잘못된 것이다.

이 팀들은 운동 경기 팀이 아니고 동전 던지기를 하는 사람들이었다. 결과는 눈에 보이는 그대로이다. 동전이 무엇이 나오느냐에 따라 결과는 이기거나 비기거나 진다. 각 팀은 똑같은 규칙을 가지고 게임을 했으므로 이길 수 있는 기회도 똑같다. 감독은 결과에 어떤 영향도 주지 못하므로 감독을 칭찬하거나 책임을 묻는 것은 아무 의미가 없다. A팀이 J팀과 다음 동전 던지기 경기를 치른다 해도 두 팀은 이길 수 있는 똑같은 기회를 가지고 있는 것이다. 즉, 동전을 던졌을 때 앞면이 다섯 번 나왔다고 해도 여섯 번째 던졌을 때는 앞면이든 뒷면이든 어느 것이든 나올 수 있다.

그런데 이상한 것은 위의 기록표는 축구팀의 기록표와 똑같이 보인다는 점이다. 그렇다면 축구팀들은 결과가 유리하게 나오지 않을 경우 단지 책임을 물을 감독이 있는 동전 던지기 팀에 지나지 않는다는 의미일까? 실제 축구에서 동전은 일정 팀에게 유리하게 던져질 것이다. 이처럼 분명히 운은 작용하고, 이것이 스포츠의 순위를 너무 믿지 말아야 하는 이유이기도 하다.

랭킹의 이상 현상

스포츠 랭킹에는 어쩔 수 없이 혼동되거나 비웃음거리가 될 수 있는 이상 현상이 세 가지 있다.

1. 선수가 경기에 출전하지 않았거나 성적이 나쁜 경우에도 랭킹에 오른다.

1992년 스테판 에드버그는 ATP 랭킹 1위였다. 하지만 그 주에 에드버그는 289위인 로비 웨이스에게 패했다. 이는 거의 모든 스포츠 랭킹에서 있을 수 있는 이상한 결과를 보여주는 전형적인 예다.

테니스 랭킹에서는 해당 연도에 참가한 경기 성적이 지난 연도의 경기 성적을 대신한다. 에드버그는 전년도 경기에서 부진한 성적을 보였다. 그래서 1992년에 얻은 그럭저럭한 성적도 그의 점수를 높이는 데 충분한 것이었다.

테니스에서는 이긴 선수의 랭킹이 아니라 참가한 경기의 라운드 수를 센다. 만약 에드버그가 안드레 아가시에게 패했다면 그만큼의 명성을 얻지는 못했을 것이다.

에드버그가 랭킹에 오른 것에 대해서는 논리적인 설명이 가능하다. 하지만 이 간단한 원리를 알지 못한다면 '에드버그, 불명예스러운 패배 후에도 정상에 오르다' 라는 헤드라인은 랭킹 방식을 우습게 만들 것이다.

2. 랭킹은 스타와 보통 선수들을 똑같이 취급한다. 하지만 대중은 그렇지 않다.

어떤 운동 선수들은 경기 성적보다는 대중의 관심을 몰고 다닌다. 최근에는 폴 가스코뉴, 안드레 아가시, 브라이언 라라가 있었다. 그들은 천재성이 발휘되는 순간이나 외모, 스캔들이나 인간다운 결점 등 (어떤 때는 이것 모두)으로 명성을 얻고 있다. 대중은 그들의 눈에 잘 띄는 선수들이 언제나 상위 랭킹에 머무르기를 바란다. 따라서 대중 매체가 방영하는 것들이 점수로 바로 환원될 수 있는 것은 아니다.

3. 컴퓨터는 스포츠에서 일어나는 미묘한 차이나 경이로운 일을 잡아내지 못한다.

아마도 이 점이 운동 선수들을 단지 통계에 의해서만 평가할 수 없는 가장 중요한 이유일 것이다. 인간의 감정에는 수학적 공식이 성립되지 않는다. 하지만 스포츠에서는 기억되는 많은 사건들이 있다. 미국 체조 선수 케리 스트럭이 뜀틀에서 다리가 부러졌는데도 끝까지 뛰어 팀에 올림픽 금메달을 안겨주었던 일이며, 1996년 US 마스터스 골프 대회 마지막 라운드에서 그렉 노먼이 닉 팔도에게 역전패당했던 일, 1998년에 로저 매리스의 홈런 타이 기록을 깼던 마크 맥과이어와 새미 소사는 스포츠 역사의 전설이 되었다.

관중과 운, 긴장과 갑작스러운 극적인 순간들 속에서 일어나는 일은 셀 수 없이 많지만 랭킹이 보여주는 것은 한 가지 결과뿐이다. 이것들이 모두 선수들의 명성을 만들어주는 진정한 요인들이기 때문에 열심히 하는 선수와 대중들이 알아주는 것 사이에는 언제나 모순이 있게 마련이다.

> **"110%로 실력발휘해라"**
>
> 이기고 싶다면 상대방보다 실력이 얼마나 더 좋아야 할까? 가끔은 그 실력 차이가 그리 크지 않아도 될 때가 있다. 한 영국 테니스 선수가 상대와 실력이 같은데 윔블던에서 경기를 할 경우 홈 구장의 영향을 받아 서브력이 10%까지 좋아진다면 충분히 우승할 수 있을 것이다.
>
> 축구에서는 거의 모든 연도의 리그에서 우승을 한 화려한 경력을 가진 팀을 이기고 싶다면 20% 이상의 실력을 발휘해야 한다. 만약 선수들이 정말로 110% 실력을 발휘할 수 있다면 리그의 중간에서 상위로 그 자리를 옮길 수 있을 것이다.

그래서 가장 위대한 선수가 누구란 말인가?

골프 선수는 연속해서 세 경기를 이길 수 있고, 야구 선수는 연속해서 홈런을 칠 수도 있다. 미식 축구 선수는 몇 시즌 동안 냈던 것보다 많은 터치다운으로 득점을 낼 수 있다.

이렇게 많은 경우에도 통계적 이론을 이용하면 한꺼번에 쏟아져 나오는 좋은 성적들을 설명할 수 있다. 어쩌면 앞에서 나온 '동전던지기' 리그에서처럼 어떤 선수는 다른 선수들보다 유난히 윔블던 대회에서 우승을 많이 하고, 어떤 선수는 홀인원을 많이 하기도 한다.

랭킹 10위 안에 있는 선수들의 차이를 종종 운으로 설명하기도 하는데, 하지만 어떤 선수는 너무 실력이 뛰어나 라이벌 선수들보다 훨씬 앞질러 있어서 운만으로는 그들의 성공을 설명할 수 없다. 과학자인 스티븐 J. 굴드 박사는 야구 경기의 결과를 분석하고는, 단지 운으로만 해석될 수 없는 성적으로 조 디마지오가 세운 56경기 연속 안타기록을 꼽았다.

물론 이는 통계학자의 관점이다. 앞에서 말한 여러 이유 때문에 모든 사람이 이에 동의하지는 않는다. 정당한 논쟁을 좋아하는 사람이라면 누가 최고의 선수인지에 대한 답은 없다는 사실에 미소를 지을 것이다.

14 13장은 어디 간 거야? _불운도 설명할 수 있다

한번 잘못되기 시작한 일은 계속해서 틀어진다. 공휴일에는 항상 비가 온다. 한 번도 복권에 당첨된 일이 없는데 다른 사람들은 그런 것 같지 않고…….

불운을 안고 태어난 것은 아닐까 하고 생각해본 적이 있는가? 아주 이성적인 사람도 나쁜 시기에는 안 좋은 일이 계속 일어나게 하는 어떤 힘이 있다고 생각할 때가 있다. 우리는 모두 머피의 법칙을 사실이라고 믿으려 한다(하지만 '잘못될 가능성이 있으면 잘못된다').

불행한 일의 일부는 수학적으로, 어떤 부분은 심리학적으로 설명이 가능하다. 불행에 대한 사람들의 직관과 우연히 맞아떨어지는 일치는 아주 밀접한 관련이 있다(6장 참조).

예를 들어 "나쁜 일은 항상 겹쳐온다"(버스가 한꺼번에 몰려오는 것처럼)는 속담을 보자. 이 흔한 생각을 과학적으로 생각할 필요가 있냐고 할지 모르겠다. 하지만 이는 분명히 경험에서 나온 것이다. 그렇지 않았다면 그 문장은 생기지도 않았을 테니 말이다. 이를 어떻게 논리적으로 설명할 수 있을까?

첫번째 문제는 '나쁜 것이 무엇인가'이다.

기차가 5분 늦게 도착하는 것 같은 상황은 피해 정도가 미약하다. 하지만 시험에 떨어지거나 해고당하는 일은 아주 치명적이다. 그렇다면 나쁜 상황은 있느냐 없느냐 하는 존재의 차원이 아니라 스펙트럼으로 표현되는 편이 훨씬 낫겠다.

어떤 특별한 사건은 어쩌면 그 주위에 있는 환경 때문에 불행으로 변하는 것일지도 모른다. 기차가 5분 늦게 도착한다 해도 기다리는 동안 급히 서두르지 않고 재미있는 신문 기사를 읽는다면 그다지 큰일이 되지 않는다. 하지만 중요한 약속에 늦는다면 불행한 일이 되는 것이다.

안 좋은 일들이 한꺼번에 일어날 때, 가장 주목해야 할 것은 첫번째 사건이 일어나는 데 걸리는 시간과 그 뒤 얼마 동안 영향을 미치는가이다. 예를 들어 휴일에 외출한 동안 수도관이 터졌다고 해보자. 집에 물이 차는 데는 한 시간도 걸리지 않을 것이다. 하지만 수도관이 터진 일은 몇 달 동안 두고두고 영향을 줄 수 있다. 가전제품을 바꿔야 하고 보험회사 직원과도 싸워야 하고…….

처음 일어났던 안 좋은 일을 오랫동안 생각하고 있을수록 나쁜 일이 생기는 경우는 더 많아진다. 한 달 뒤에 자동차 접촉 사고가 나고 일주일 뒤에 결혼 반지를 잃어버린다. 첫번째 일 때문에 좋지 않았던 기분은 그 뒤에 일어난 일들을 불행의 시리즈로 연결시켜버린다. 모든 일이 일어나는 기간이 두 달 정도라면 다행스러운 일이다. 물로 입은 피해가 회복될 때까지는 다음에 일어날 불행을 경계하게 되는데,

그 시간이 길어질수록 처음에 가졌던 경계의식을 되새겨야 한다.

우연찮게도 우리는 불운 속에서 '나쁜 일은 항상 한꺼번에 일어난다' 는 말을 확인하려고 하며, 거기에 맞지 않는 일은 무시하는 경향이 있다(별로 재미가 없기 때문에). 별개의 나쁜 일들은 언제나 일어난다. 그로써 위의 말을 논박하기는 충분할 것이다. 하지만 나쁜 일은 두 가지가 겹칠 때도 있다. 이런 경우 여러분의 친구들 중에는 "나한테 딱 두 가지 나쁜 일이 있었는데, 이건 그 속담에 적용되지 않는 거야"라고 말하기보다는 "나한테 나쁜 일이 세 가지나 일어났다구. 정말 이상하지 않아?"라고 말하는 이가 더 많을 것이다. 전자는 우리의 통념적인 생각에 도전하는 사람이다.

하지만 나쁜 일이 한꺼번에 일어나는 데는 적어도 한가지 이유가 있다. 그것은 확률과 독립성과 관계되는데(87쪽 참조), 불행한 일들이 언제나 서로 독립적인 것만은 아니라는 사실이다. 사람이 갑자기 부자가 되면 약간의 우울증을 갖게 된다. 우울증은 몸의 면역성을 약

화시켜서 쉽게 병에 걸리게 한다. 그러면 행동이 둔해지고 반응이 느려진다(이렇게 되면 값비싼 꽃병을 깨뜨릴 가능성이 커지는 것이다). 어느날 갑자기 부자가 될 확률과 병이 들게 될 확률은 둘 다 높지 않다. 하지만 두 가지가 동시에 일어날 경우는 각각의 확률을 곱한 것보다 확실히 높다.

길이 사라진 지도

우리 생활 속에는 갑작스럽게 일어나는 불행한 일들이 꽤 많이 있다. 그중 모든 사람이 겪어봤을 만한 일로 이야기를 시작해보자.

어느날 도시 끝에 살고 있는 친구를 찾아가려고 지도책에서 길을 찾다보니 길이 오른쪽 끝에 있다. 길을 더 자세히 찾아보려면 번거롭게도 그 쪽과 다음 쪽을 앞뒤로 넘겨보아야 한다. 길은 한쪽에 반이 있고 다른 쪽에 그 반이 있거나 아니면 책 가운데 접지 부분을 가로질러 펴져 있을 것이다. 만일 한 면으로 모두 볼 수 있는 지도라면 여러분이 찾는 곳은 지도를 펼치기만 하면 찾을 수 있을 것이다.

이는 공평하지 않게 보인다. 즉 지도에는 목적지가 있을 수 있는 '중앙'의 넓은 면 이외에 아주 좁지만 '가장자리 여백'도 있다. 실제로 지도의 가장자리와 가까이 있는 지역을 찾아낼 확률은 생각보다 훨씬 높다.

그림에 있는 지도를 보자.

찾으려는 곳이 지도의 가려진 부분에 있다면 문제가 생긴다. 감춰진 부분은 한 면의 사방 1cm씩이다. 이 정도면 별로 중요하지 않게

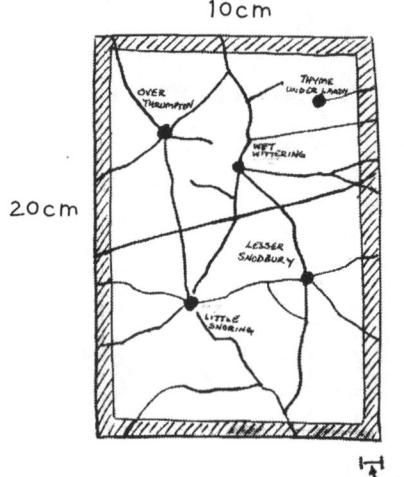

각 면은 10×20cm로, 한 면의 넓이는 200cm²이다.
지도에서 감추어져 있는 면적은 전체의 28%이다.

보일지도 모르지만 그렇게 감춰진 부분을 다 합하면 56cm²가 된다. 지도 한 페이지 면적의 28%나 차지하는 것이다. 다시 말하면 어떤 지점이 지도 한 페이지 가장자리 1cm 안에 있을 때 보이지 않을 확률이 28%라는 얘기이다. 찾으려는 곳이 가장자리의 2cm 이내에 있다면 그 비율은 47%로 높아진다. 바꿔 말하면 어떤 여행을 하든지 이런 불편한 일이 일어날 수 있다는 것이다.

대부분의 운이 좋지 않은 이야기에서와 마찬가지로 지도에 길이 잘 그려져 있었던 일은 잊어버리지만 제대로 그려 있지 않았던 적이 몇 번이나 되는지는 기억하게 된다. 더구나 이런 경우에는 좋지 않은 결과가 나올 확률이 높아서 지도를 만든 사람이든 여러분의 불운의 신이든 아니면 둘 다를 욕하게 된다. 덧붙여 말하자면 이런 이유 때문에 요즘 지도책은 다음 쪽과 겹쳐지는 부분이 생겼다. 좋은 지도책이라면 한쪽 중 적어도 30%가 다른 쪽과 중복될 것이다.

바쁠 때면 항상 빨간불이야!

행운과 불행을 두고 불공평한 비교를 하는 선택적인 기억의 가장 좋은 예로 신호등의 빨간불과 초록불의 상대 빈도수를 들 수 있다. '내가 바쁠 때는 항상 빨간불이 들어오는 것 같다!' 라는 생각은 사실이며, 증명될 수 있다.

이 상황을 간단히 이해하기 위해 신호등을 동전던지기로 생각해보자. 즉 빨간불이 들어올 확률은 50%, 초록불의 확률도 50%이다(실제로 대부분의 신호등은 빨간불이 들어오는 시간이 더 길다). 여러분이 가는 길에 신호등이 여섯 개 있다고 할 때 빨간 신호를 한 번도 받지 않기란 쉽지 않은 일이다. 동전을 여섯 번 던졌을 때 모두 앞면이 나올 확률 1/64과 같다.

운전사가 바쁘지 않을 때는 빨간 신호가 그렇게 자주 들어오지 않는 것 같다. 시간이 급하지 않을 때는 정지 신호 때문에 불이익을 당하는 경우가 별로 없기 때문이다. 빨간 신호가 초록 신호보다 더 자주 켜진다는 것은 틀린 생각이다. 그 이유는 생각보다 간단하게도 운전사가 초록 신호보다 빨간 신호에 대해 더 많이 생각한다는 것이다. 왜냐하면 초록불은 몇 초 후에 꺼지는 반면에—사실 초록 신호는 열려 있는 길을 따라 운전하는 것과 같다—빨간 정지 신호는 스트레스를 받는 순간이며, 잠시 동안 자유를 빼앗기도 하고, 빨간 정지 신호는 기억에 오래 남아 있는 반면 초록 출발 신호는 쉽게 잊혀지기 때문이다.

> **불운의 13**
>
> 이 미신이 어디서 시작되었는지 분명하지는 않지만 13은 분명 불운의 숫자로 알려져 있다. 이 미신을 믿는 건축가들은 건물에 13층을 만들지 않는다. 그리고 작가들은 13장을 건너뛰기도 한다. 13과 관련된 불행한 사건으로 '최후의 만찬'이 잘 알려져 있다. 또 13일의 금요일은 불운의 날이다. 그래서인지 한달 중 13일은 다른 요일보다도 금요일인 경우가 더 많은 것 같다. 한데 이 생각은 그레고리력(현재 세계 각국에서 통용되고 있는 태양일 체계)의 날짜 주기를 통계내어 보면 그대로 들어맞는다는 사실을 알 수 있다.

왜 나는 복권에 당첨 안 되는 걸까?

자, 이제 복권 얘기를 해보자.

 아담은 방과후에 집으로 돌아와 말한다. "제이슨네 고모가 복권에 당첨되어 500달러를 땄대요!" 그러자 여동생 멜라니도 한마디 한다. "글쎄, 우리 학교 어떤 아이네 집에서는 1,000달러에 당첨되었다던걸요." 아버지가 말씀하신다. "진짜 굉장하지, 직장 동료가 어제 말하더군. 그 사람 친구도 크게 당첨되었다구 말이야." 가족들은 다른 친구들은 운이 좋은 것처럼 보이는데 자기들은 그렇지 않다는 사실을 믿고 싶지 않았다.

 물론 여기에는 오류가 있다. 복권에 당첨되었다고 가족들이 말했던 사람들 중에는 그들의 직접적인 친구는 하나도 없었다. 사실 별로 놀랄 것도 없는 이야기이다. 멜라니가 제일 큰 당첨금을 말했지만 그 이야기가 얼마나 많은 사람들의 입에 올랐을까? 멜라니의 학교에 학생이 1,000명이라고 하고, 그들에게 각각 10명씩의 식구들이 있다고 해보자. 그 이야기를 말할 수 있는 사람들은 10,000명이 된다. 복권 당첨금이 소문으로 떠도는 기간은 아마 4주 정도일 것이다. 지난 4주 동안 10,000명이 산 복권이 모두 10,000장이라면 그들 중에 누군가 1,000달러짜리 복권에 당첨된다는 것은 가능한 일이다. 당첨 액수가 큰 경우에 소문은 빨리 퍼지게 마련이다. 하지만 당첨되지 않은 복권은 빨리 잊혀진다. 나머지 9,999장의 복권이 그렇다. 아담의 이야기는 너무 쉽게 설명되고, 아버지의 이야기는 너무 모호해서 당첨된 것이 지난 주인지, 지난 달인지 지난 해인지 알 수 없다.

수학은 행운과 불행에 대해 많은 것을 말해주고 있다. 하지만 어떤 논리적인 원인이 행운과 불행 뒤에 자리잡고 있다는 것이 확실하다 해도 어떤 사람들은 더 많은 행운을 갖는 것처럼 보인다.

나폴레옹 황제는 장군을 진급시킬 때 그 장군이 운이 좋은지를 보았다고 한다. 미신적인 터무니없는 행동이었을까? 반드시 그런 것만은 아니다. 나폴레옹은 그의 명석한 군사적 머리로 이렇게 생각했을 것이다. '과거에 운이 좋았던 것이 무엇이든 간에 분명히 다시 그렇게 될 것이다'라고.

한편 골프 선수 아놀드 파머는 이렇게 말한 적이 있다.

"저는 연습을 많이 하면 할수록 운이 더 좋아져요."

불행을 이용하는 방법

"제 남편 해럴드는 젊었을 때 마녀와 싸울 정도로 액운이 낀 사람이었답니다."

마가렛이 말했다.

"마녀는 너무 화가 나서 해럴드에게 저주를 내렸지요. 그는 나머지 인생을 불행하게 살아야 하는 저주에 걸렸던 거예요. 그는 기차가 연착되는 바람에 언제나 지각을 했지요. 감기가 유행하면 꼭 걸리구요. 무엇보다도 나쁜 것은 남편이 도박에 빠진 거예요. 당연히 엄청나게 돈을 잃었지요. 카지노에 갈 때마다 가지고 간 돈을 모두 잃고 온답니다."

"너무 심해요. 마가렛. 그런 사람과 결혼해 살고 있는 당신이 대단하네요."

"음…… 뭐, 나한테는 좋은 일이거든요. 100만 달러를 내 것으로 만들었으니까. 해럴드가 잃은 것보다 더 만회할 수 있었죠."

마가렛은 어떻게 부자가 될 수 있었을까?

그녀는 카지노에 갈 때 항상 해럴드와 함께 간다. 해럴드가 돈을 걸면 마가렛은 반대쪽에 그 두 배를 거는 것이다.

15 누가 범인일까? _ 일상 속의 논리학

《은빛 횃불》이라는 셜록 홈스 이야기가 있다. 자기 말이 경주에 출전하지 못하게 하려는 비열한 조련사의 이야기이다. 여기서 홈스는 유명한 추론을 한다. 검열관인 그레고리가 홈스에게 눈에 띄는 단서가 있는지 물었다.

> 홈스 "한밤중에 저 개한테 이상한 일이 있었어."
> 그레고리 "하지만 밤에 개는 아무 짓도 하지 않았다구."
> 셜록 홈스가 말하기를 "그래, 바로 그것이 이상한 일이란 말이야!"

홈스는 침입자가 있다는 것을 몰랐기 때문에 개가 짖지 않았다고 추론한 것이다. 따라서 침입자는 개의 주인이라는 것을 증명해냈다.
이 추론은 듣지 못한 사실도 들은 것만큼이나 중요하다는 것을 증명해보이고 있다. 정치가들은 '할 말이 없습니다'라고 하면서 정보를

흘린다. 확실하게 말할 수 있는 것이 있기 때문에 너무 노골적이어서 말할 수 없는 것이다.

또 정치가들은 다른 방법으로도 정보를 누설한다. 대통령이 다음과 같이 말했다고 가정해보자. "지난 4개월 중 3개월 동안 실업률이 낮아졌다고 말하게 되어 기쁩니다." 이 말을 듣고 4개월 전과 5개월 전의 실업률이 어떻게 변했는지 알 수 있겠는가? 처음에는 알 수 없을 것이다.

하지만 정치가들은 가능한 한 호의적인 방법으로 정보를 흘리는 데 대가라는 사실을 기억하자. 만약 실업률이 4개월 전에 올랐다고 해보자. 그렇다면 지난 3개월 동안 매달 실업률이 떨어졌다는 얘기가 된다. 이런 경우라면 대통령은 확실히 좀더 강하게 발언했을 것이다. 이렇게 말이다. "실업률이 지난 3개월 동안 매달 낮아지고 있습니다."

마찬가지로, 실업률이 5개월 전부터 떨어졌다면 좀더 자랑스럽게 말할 수도 있다. "지난 5개월 중 4개월 동안 실업률이 낮아졌습니다."

이런 방법은 통계를 발표할 때면 항상 사용된다. 그것을 유심히 보는 것도 재미있다. 우연의 일치에 대해 이야기하고 있는 6장(81쪽 참조)을 보면 '미국 초기 대통령 5명 중 3명이 7월 4일에 죽었다'는 문장이 있다. 다섯 번째 대통령인 먼로도 그중 한 명이었다. 그렇지 않았다면 '4명의 대통령 중 3명'이라고 하는 것이 훨씬 그럴 듯할 것이다.

셜록 홈스 시리즈에서 우리는 배울 것이 너무나 많다. 그는 여전히 가장 유명한 소설 속의 탐정이다. 그리고 범죄 해결력 때문만 아니라 개성적인 인품으로도 매력적인 사람이다. 홈스는 자신의 감정을 배제하고 추론하여 정확한 사실만을 집어내는 것으로 유명했다. 그는 논리적으로 생각하는 사람의 전형적인 모델이 되었다. 하지만 그는 전혀 농담을 하지 않았던 것으로 알려졌다. 아마 전혀 웃지도 않았을 것이다.

셜록 홈스와 수학은 어떤 관계가 있을까? 사실과 거짓, 암시와 추론, 일관성과 모순, 이 모든 것들은 일상생활의 부분이다. 우리는 이것들을 이용하면서도 수학에 대한 특별한 생각 없이 살고 있다. 수학은 정확한 논리의 언어이며 논리가 빈틈이 없다는 것을 확인시켜주는 표기 역할을 한다. 논리가 없다면 잘못된 결론에 이르기 쉽다. 《이상한 나라의 앨리스》 중 잘 알려진 다음 부분을 보자.

"그렇다면 생각하는 것을 말해봐." 삼월 토끼가 말을 이었다.

"말하죠. 적어도, 적어도 내가 말하는 것은 내가 생각하고 있는 거예요. 그건 아시다시피 같은 거니까요." 앨리스가 재빨리 대답했다. 그러자 모자 장수가 말했다.

"아니, 그건 전혀 같지 않아! 그럼 너는 '내가 먹는 것을 본다'와 '내가 보는 것을 먹는다'가 같다고 하겠구나."

왕관 게임

재미있는 실험을 통해 간단한 추론 게임을 해보자.

우선 종이 왕관 세 개를 준비하는데, 이 중 두 개는 같은 색으로 한다(빨간색 두 개, 파란색 한 개로 하자). 두 명의 지원자를 뽑아서 서로 얼굴을 마주보고 앉게 한다.

일단 지원자들에게 왕관 세 개를 보여주고, 눈을 감으라고 한 다음 왕관을 각각 씌워준다. 눈을 뜬 지원자들은 상대방의 반응만을 보고 자기가 쓴 왕관이 무슨 색인지 맞추는 것이다.

지원자들은 쓰고 있는 왕관이 모두 빨간색이라는 것을 모른다. 대부분의 사람들은 전혀 추론해내지 못한다(그저 추측할 뿐이다). 하지만 두 지원자들이 다음과 같이 추론해 나간다면 정확한 답을 얻을 수 있을 것이다.

"내가 파란색 왕관을 쓰고 있다고 해보자. 저 사람도 파란 왕관이 하나뿐이라는 것을 아니까, 자기가 빨간색 왕관을 쓰고 있다는 것을 금방 알 수 있을 테지. 그런데 아직까지 답을 말하지 않았어. 그러니까 나는 빨간색 왕관을 쓰고 있는 거야."

옳은 것인가 그른 것인가

추론은 범죄 말고도 많은 것에 적용된다. 실제로 대부분의 대화는 추론과 암시로 이루어져 있고 종종 '그러므로'라는 말로 시작된다. 하지만 추론들이 얼마나 많이 틀리는지 모른다.

아이들은 다음 이야기를 아주 흥미롭게 듣는다. "바람이 불 때 나무는 가지를 흔든다. 그러니까 바람은 가지를 흔드는 나무가 만드는 거야." 여러분은 어쩌면 웃을지도 모른다. 하지만 이 문장이 틀렸다는 것을 아이에게 어떻게 증명할 수 있을까? 바람은 부는데 나무가 없는 사막이나 바람이 불지 않는데 가지가 흔들리는 나무와 같은 대립되는 상황을 예로 들어주면 된다. 후자의 상황은 나뭇가지를 흔드는 데 애를 좀 써야 할 것이다.

얼룩말은 줄무늬가 있는 동물이다. 그렇다면 줄무늬가 있는 동물은 모두 얼룩말일까? 물론 아니다. 이것은 앨리스의 실수와 비슷하다. "나는 내가 말하는 것을 생각한다."가 "나는 내가 생각하는 것을 말한다."와 똑같은 뜻이 되는 것은 아니다(사실 이 두 문장의 차이를 찾아내는 것은 꽤나 어려운 일이다).

당신은 얼룩말과 같은 논리적 오류에 속을 것인가? 다음을 한번 해보자.

 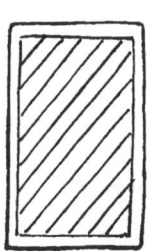  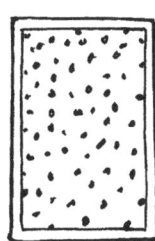

한 사람이 상자에서 카드 네 장을 뽑았다. 각각의 카드 한 면에는 도형이, 다른 면에는 무늬가 그려져 있다. 카드를 들고 있는 사람이 말을 한다. "이 테이블 위에 있는 카드 중에는 한 면에는 삼각형이 있고 다른 면에는 줄무늬가 있는 카드가 있습니다." 이 말이 사실인지 확인하고 싶다면 다음 중 어느 카드를 뒤집어보면 될까?

아래를 읽기 전에 대답해보자.

대부분은 삼각형이 그려진 카드와 줄무늬가 그려진 카드를 뒤집는다. 하지만 정답은 점이 찍힌 카드와 삼각형이 있는 카드를 뒤집는 것이다. 점이 찍힌 카드를 뒤집었을 때 삼각형이 그려져 있다면 그 사람의 말은 틀린 것이다. 줄무늬 카드를 뒤집어서 사각형을 보았거나 사각형이 그려진 카드를 뒤집어보니 줄무늬라면 아무것도 증명되지 않는다.

이 문제가 복잡한 이유는 '삼각형이 그려진 모든 카드의 다른 면에는 줄무늬가 있다'는 것이 '모든 줄무늬 카드에는 삼각형이 있다'는 말과 같지 않기 때문이다. 또다시 얼룩말의 오류인 것이다! 이와 같은 문제를 증명하기 위한 쉬운 방법으로 벤 다이어그램이 있다. 논리

얼룩말

얼룩말 아님

를 설명하는 이 방법은 19세기에 존 벤(John Venn)에 의해 대중화되었다.

세상에 있는 모든 얼룩말과 줄무늬 동물을 모두 모아놓았다고 생각해보자. 얼룩말은 큰 원으로 된 원 안에 넣는다. 원 안에 있는 것은 얼룩말이고 밖에 있는 것은 얼룩말이 아니다.

이제는 줄무늬 동물을 모두 포함할 수 있는 원이 필요하다. 호랑이, 여우원숭이, 그밖에 많은 동물들을 원 안에 넣을 것이다. 얼룩말도 이 원 안에 있다. (줄무늬가 없는 얼룩말은 생각하지 말자!)

얼룩말이 있는 원 바깥으로 줄무늬 동물의 원을 만드는 것이다. 얼룩말은 줄무늬 동물 집합 중 특별한 경우가 된다. 집합이란 공통으로 가지고 있는 특성에 따라 분류해놓은 것의 모임인데, 이 경우는 줄무늬가 공통된 특성이다.

이것은 아주 단순한 작업이지만 오류가 있는 주장을 시각적으로 간단하게 증명해보일 수 있는 방법이다.

얼룩말 오류는 법정에서도 빈번하게 쓰인다. 한 가지 예를 들어보면, 한 남자가 청력에 이상이 생긴 것에 대해 회사를 상대로 소송 중

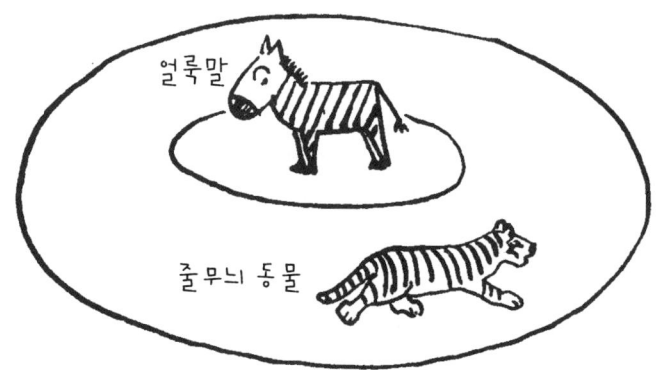

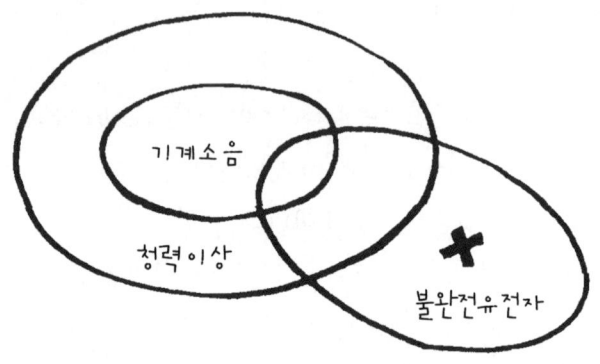

이었다. 이 사건은 '공장에서 소음이 큰 기계에 너무 오랫동안 노출되어서 청력을 잃게 되었다'는 사실에 쌍방이 동의했다. 그런데 원고는 위의 동의가 자신의 청력 이상은 시끄러운 소리에 장시간 노출되었기 때문이라는 것을 증명하는 것이라고 주장했다. 사실일지 모른다. 하지만 청력을 잃는 원인으로는 시끄러운 기계소음 이외에도, 불완전한 유전자 같은 여러 가지가 있다. 문제를 더 복잡하게 하자면 불완전한 유전자가 청력에 문제를 일으키는 경우는 아주 드물다.

이 문제는 세 가지 집합을 보여주는 벤 다이어그램으로 나타낼 수 있다. 청력에 손상을 입은 사람들, 시끄러운 기계 소리에 장시간 노출된 사람들 그리고 불완전한 청력 유전자를 가지고 있는 사람들로 나눌 수 있다.

'기계 소음' 집합은 '청력 이상' 집합 안에 있다. 이는 소음이 큰 기계에 장시간 노출되어 있는 사람은 누구나 청력에 이상이 생길 수 있다는 처음 진술을 의미한다. 하지만 청력에 이상이 있는 사람들이 모두 큰 소음에 노출되어 있는 것이 아니라는 사실도 그림에서 분명히 볼 수 있다. 어떤 사람들은 청력 이상자들의 집합에 속해 있지만 기계

소음 집합 밖에 있다.

불완전한 유전자를 가진 사람들의 집합은 다른 두 집합과 겹쳐 있다. 그들 중 일부는 소음 때문에 청력 이상을 호소하고 어떤 사람들은 다른 이유 없이 청력에 이상이 있는 것이다. 그리고 ×라고 표시된 부분에 있는 사람들은 청력에 이상이 없는 사람들이다.

수학자와 논리학자들은 벤 다이어그램 안의 영역을 나타내기 위해 특별한 기호를 사용한다. 그렇다고 그 기호를 아는 것이 중요한 것은 아니다. 그림만 봐도 모든 것을 알 수 있으니 말이다.

아이와 논리학

아이들은 아주 어릴 때부터 복잡한 논리학을 이해할 수 있다. 예를 들면 세 살짜리 아이는 '코트를 입지 않으면 밖에 나가지 못해'라는 말을 이해한다. 아이는 떼를 쓰며 울거나 아니면 순순히 말을 듣거나 울어보다가 결국은 말을 듣거나 할 것이다.

그렇게 어린아이가 두 개의 부정문이 긍정문이 되는 것을 이해하다니 흥미로운 일이다. 하지만 이 아이가 같은 말을 간단한 계산방식으로 이해하기까지는 몇 년이 더 걸릴 것이다. NOT 함수는 아이들이 특히 빨리 습득한다. 아마도 어렸을 때부터 너무 많이 들었기 때문인 것 같다.(시끄럽게 하지 마라. 플러그에 손대지 마라. 강아지를 그렇게 괴롭히지 마라…….)

작가들은 의미가 혼란스러워진다는 이유로 이중부정을 잘 사용하지 않는다. 삼중, 사중 부정이 안 좋은 것은 말할 나위도 없다. TV 프로그램에 관한 한 토론장에서 어떤 사람이 말했다. "나는 9시 전에 아이들이 보기에 적당하지 않은 프로그램이 없다고 말하는 게 아니에요……."

이 말을 이해하기 힘들었다면 그 이유는 한 문장에 부정을 세 개나 사용했기 때문이다. '말하는 것이 아니다', '프로그램이 없다', '적당하지 않다'. 이런 문장을 빨리 알아들을 수 있는 방법은 부정 두 개를 없애는 것이다.

"나는 9시 전에 아이들이 보기에 적당하지 않은 프로그램들이 있다고 말하는 거예요."

그렇다고 문장이 아주 간단해진 것은 아니다. 만약 누가 '나는 가난하지 않아'라고 말한다면 '나는 부자야'라는 뜻일까? 아니다. 완전히 같은 의미는 될 수 없다. 또다시 벤 다이어그램으로 설명할 수 있다. 사람들을 부자, 중산층, 가난한 사람들의 집합으로 나누어보자. 이들은 서로 배타적인 집합으로 어떤 사람도 동시에 두 집합에 속하지 못한다. 가난하지 않은 사람들은 아래 그림에 있는 '낮은 임금' 원 밖에 있는 사람들이다. 그렇다고 완전한 부자는 아니다. 중간 수준에 들기도 한다. 따라서 가난하지 않은 것이 항상 부자는 아니다. 가끔 그런 경우가 있을 뿐이다.

언제나 '참' 아니면 '참이 아님(거짓)', '안쪽' 아니면 '바깥', 절대 둘 다 되는 것이 없는 진술들의 원리는 전통 논리학에 기본이다. 범죄수사나 과학, 법률을 공부하는 사람들도 이에 깊이 의존하고 있다.

그래서 셜록 홈스의 이 말이 나온 것이다. "불가능한 것들을 제거했을 때 남아 있는 것은, 비록 그것이 사실일 것 같지 않더라도 모두 진실이다."

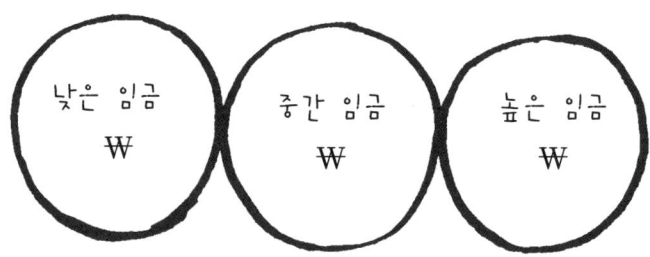

집 어디선가 여권을 잃어버린 사람이 이 말을 듣는다면 안심이 될 것이다. 집안을 샅샅이 뒤졌는데도 여권을 못 찾았다면 여권은 생각지 못했던 곳에 있는 것이다. 어쩌면 여권은 마루 바닥 틈새에 껴 있을지도 모른다. 아니면 개가 먹어버렸을지도 모른다.

컴퓨터와 논리

이제까지 우리는 진술의 참과 거짓을 벤 다이어그램의 영역, '안에 있다' 또는 '밖에 있다'로 표현했다. 컴퓨터도 마찬가지이다. 단지 참과 거짓을 숫자 체계로 나타낼 뿐이다. 참은 1로, 거짓은 0으로.
컴퓨터에서 명령을 논리적으로 수행하는 것을 '게이트(gate)'라고 한다(빌 게이츠Bill Gates와 혼동하지 말도록! 그가 대부분의 컴퓨터를 책임지고 있다고 해도 말이다).
무엇이든 사물을 꿰뚫어볼 수 있는 현미경으로 컴퓨터 회로 속을 들여다볼 수 있다면 회로 전체가 간단한 세 가지 논리 함수로 이루어진 것을 발견하게 될 것이다.

- NOT
- AND
- OR

아이들도 이해할 수 있는 간단한 NOT 문장이 있다.
'소리지르면 책 안 읽어줄 거야.'
컴퓨터는 이 문장을 다음과 같이 읽는다.

입력값(소리지르다)	출력값(책을 읽다)
입력값이 참이면	책을 읽지 않는다.
입력값이 거짓이면	책을 읽는다.

표로 나타내면,

입력(소리지르다)		출력(책을 읽다)
1	→	0
0	→	1

이번에는 AND 문장을 보자.
'닭고기랑 양배추를 먹으면 책을 읽어줄게.'
여기에는 닭고기와 양배추, 두 개의 입력이 있다. 그 결과표는 아래와 같다.

입력1(닭고기)	입력2(양배추)	출력(책을 읽다)
1	1	1
1	0	0
0	1	0
0	0	0

'책 읽기'가 참값이 될 때는 입력 '닭고기'와 '양배추'가 모두 참값일 경우이다.

마지막으로 OR 함수의 예로 '모자를 쓰거나 우산을 가지고 가면 비에 젖지 않을 거야'를 생각해보자.

입력1(모자)	입력2(우산)	출력 (비에 젖지 않은 머리)
1	1	1
1	0	1
0	1	1
0	0	0

컴퓨터는 여러분을 위한 것이다. 제곱근 계산에서부터 화성에 우주선을 착륙시키는 일까지 모든 것은 AND, NOT, OR 게이트로 이루어져 있다. 그리고 그 수백만 개의 게이트는 적절한 방법으로 연결되어 있다(짐작하겠지만 게이트를 연결하는 방법은 꽤나 복잡하다).

그렇다면 인간의 두뇌도 전적으로 AND, NOT, OR 게이트로 이루어진 것은 아닐까? 이는 인공 지능과도 관련되는 아주 중요한 문제이다. 많은 사람들은 인간의 두뇌는 완전히 다른 방식으로 움직인다고 생각한다. 그리고 그것을 인간의 논리가 틀리기는 쉬울지 몰라도 컴퓨터보다 훨씬 창조적일 수 있는 이유라고 말한다.

> **이 문장은 거짓이다**
>
> 위 문장은 참일까 거짓일까? 만약 참이라면 거짓이고, 거짓이라면 참이다. 이 짧은 역설은 논리학과 철학에 관한 훌륭한 논문들에서 중요하게 다루어져 왔다. 왜냐하면 '참'과 '거짓'의 개념이 모든 진술에 적용되지 않는다는 것을 보여주기 때문이다.

퍼지 논리

최근 몇 년 동안 컴퓨터 프로그래머들은 인간은 언제나 '예/아니오'가 아니라 때로는 '어쩌면'이라고 생각한다는 것을 컴퓨터와 인간의 논리 체계에 있어 한 가지 큰 차이점으로 깨닫기 시작했다.

어떤 사람은 날씨를 '맑다'라는 말로 표현한다. 그런데 이 문장은 명확한 것일까? 안타깝게도 그렇지 못하다. 하늘에 구름 한 점이 있다고 해보자. 맑은 날이다. 구름이 두 점 있다면? 그래도 역시 맑다. 천 점의 구름이 있다면? 그쯤이면 흐린 날이다. 이것은 날씨가 맑은 날에서부터 구름이 두 점 있는 상태와 천 점의 구름이 있는 상태 사이 어딘가로 움직이고 있다는 뜻이다. 그 변화가 즉시 보이지는 않았지만 점차적으로 변하고 있다. 날씨가 맑다고 말할 수 없는 흐린 순간이 있기는 하지만 말이다. 하지만 누구도 그 순간을 꼭 집어낼 수 없다. 그러므로 '날씨가 맑다'는 말에는 불명확성이 있는 것이다.

사람들은 갈라놓는 것을 달가워하지 않는 경향이 있다. 한 가지 예로, 두 도시에 반씩 걸쳐 있는 도로가 있는데 이 도로의 세금을 한 도시에서는 낮게, 다른 도시에서는 높게 받는 것에 불만이 있는 사람이 있었다. "도대체 저쪽 사람들은 400프랑을 내는데, 왜 똑같은 길을 달리는 나는 900프랑을 내야 하는지 모르겠어." 정말로 이 세금은 아주 명확하지 않은 것이다.

또한 다음도 명확한 문장이 아니다. "수잔은 제인과 꼭 닮았어." 이 문장이 참이 되려면 수잔과 제인의 외모가 얼마나 닮아야 할까? 정답은 없다. 인간이 이렇게 말하는 것은 어색한 일이 아니다. 하지만 컴퓨터로서는 이해하기 힘든 문장이다. 이런 이유 때문에 프로그래머들은 모든 것을 참(1) 아니면 거짓(2)으로만 분류하던 것에서 그 사이값을 첨가하려는 움직임을 시작한 것이다. 그 중간 참값은 0.5가 될 수도 있지 않을까?

불명확성은 앞에 등장하는 두 직업에도 적용된다. 셜록 홈스 같은 탐정은 용의자가 유죄로 판명나기 전까지 언제나 '어쩌면'이 존재한다는 것을 알아야 한다. 그리고 정치가라면 누구나 자기 자리를 지키기 위해서는 분명하지 않은 발언이 필요할 때가 있다는 것을 알고 있다. 그러면 우리는 이렇게 말할 것이다. "그래도 그렇게 말할 수는 없는 거야."

논리합과 현관등의 스위치

대부분의 가정에서는 현관에 불을 켜는데 두 개의 스위치를 사용한다. 하나는 아래층에서 또 하나는 위층에. 이것은 배타적인 논리합(Exclusive OR, EXOR) 함수를 알 수 있는 가장 쉬운 예다. OR 함수와는 다른 것으로 아래층이나 위층 둘 중 하나의 스위치가 켜져 있으면 현관에 불은 들어오지만, 두 스위치가 모두 켜져 있으면 불이 들어오지 않는다.

컴퓨터 회로는 AND, NOT, OR 게이트를 다음과 같이 사용하여 EXOR 게이트로 작동하도록 만든다.

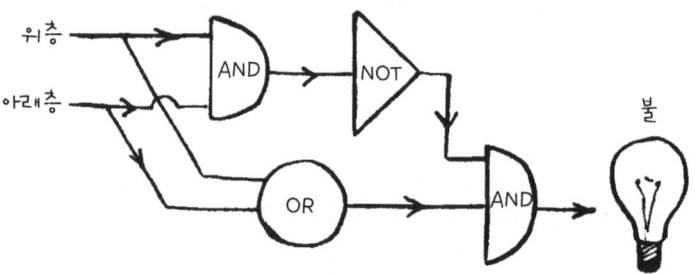

'스위치가 켜짐'을 1로 '꺼짐'을 0으로 사용하면 자동 스위치로도 같은 결과를 얻을 수 있다. 가능한 입력값 4쌍 (0, 1) (1, 0) (0, 0) (1, 1)을 가지고 테스트해보자.

16 인생은 줄서기 _슈퍼마켓, 에스컬레이터, 고속도로의 공통점

존은 킹 가(街) 10번지에 살고 있다. 그는 습관적으로 매일 아침 정확히 7시 30분에 집에서 출발하여 8시에 도시 중심가에 있는 사무실에 도착한다.

존의 이웃인 브라이언도 같은 회사에 다니는데 존보다 항상 몇 분 뒤에 집을 나선다. 고양이 먹이를 주고, 우유 배달부에게 메모를 남기고, 전날 밤에 깜빡 잊었던 셔츠도 다리고, 7시 40분쯤 차에 타서 8시 30분에 사무실에 도착한다. 그때쯤이면 존은 네 번째 메모를 하고 있을 때다.

존과 브라이언은 같은 길로 거의 똑같은 운전 습관(최고 속도, 가속도 모두 같다)으로 비슷한 종류의 차를 몰고 출근한다. 그런데 브라이언은 20분이 더 걸린다. 왜 그럴까?

물론 여러분은 이 질문이 뭐 그다지 특이하지 않은 일상에서 일어나는 일이라는 것을 알 것이다. 자가용으로 출퇴근을 하는 사람이라면 "맞아! 집에서 5분 늦게 출발했는데, 30분이나 늦는다구!" 하며 맞장구를 칠지도 모른다.

왜 그럴까? 물론 교통량의 증가와 관련이 있다. 그렇다면 수학과는 무슨 관련이 없을까? 교통량은 대기이론(queueing theory)이라는 수학 분야와 관련이 있다.

신호등

존과 브라이언이 다니는 시내 도로에 신호등이 하나 있다고 해보자. 시내에 있는 교통 신호등은 대부분이 교통량에 따라 작동되도록 프로그램되어 있다. 신호등에 달린 감지기 앞을 지나는 차가 30초 이상 없으면 신호등은 빨간불로 바뀐다. 하지만 계속해서 차가 들이닥치는 출퇴근 시간에는 미리 입력된 회로에 따라 초록불이 켜져 있다. 존과 브라이언이 다니는 도로의 교통 신호는 빨간불이 40초 동안 켜진 후에 20초 동안 초록불이 들어온다. 초록불 20초는 자동차 10대가 지나가

기에 충분한 시간이다. 1분 동안 평균 10대의 차량이 그 신호등을 지나간다는 뜻이다. 이를 교통 신호의 '서비스 비율'이라고 한다.

아침 시간에 집을 나서는 사람들의 수는 6시에는 몇 안 되다가 7시가 되면 계속해서 늘어나고 8시에는 거의 폭발 직전이다. 10시가 되어서야 그 수가 줄어든다. 존이 다니는 도로로 진입하는 차가 분당 10대('도착 비율') 이하이고 차들이 일정한 간격을 유지할 수만 있다면 신호는 잘 돌아갈 수 있을 것이다. 한 번 초록불이 켜질 때마다 차들은 모두 지나갈 수 있다. 이렇게 일정한 간격을 유지하는 10대의 차가 통과할 수 있도록 되어 있는 신호 시스템을 방해하기 시작하는 것은 11번째 들어오는 차다. 그때부터 신호를 기다리는 줄이 생기게 되는 것이다.

8시에 출발했을 때 서 있는 차들의 행렬은 없었고 빨간불이 들어왔다고 해보자.

20분 뒤면 늘어선 차량 수가 20대가 된다. 하지만 실제 상황은 이보다 더 심할 것이다. 우선 러시 아워가 되면 도착 비율은 점점 더 높아지기 때문에 8시 20분이 되면 매분 도착하는 차량수가 20대까지 될 수도 있다. 신호를 통과할 수 있는 차는 여전히 10대뿐인데 말이다. 이렇게 차량 행렬이 점점 길어지면 그 차들은 전 신호등까지 늘어서게 되는 문제가 생긴다. 그러면 이전 신호등에 초록불이 켜져도 차들은 지나갈 수 없는 상황이 되는 것이다. 더군다나 실제 상황에서는 차들 사이에 간격을 둘 수 없다. 따라서 바로 도로 주차장이 되는 것이다.

브라이언의 차가 차량 행렬 끝에 와서 붙었을 때 앞에 늘어서 있는 차가 25대라면 신호등을 통과하려면 신호가 두 번 바뀔 동안 기다려

시간	1분 뒤에 도착하는 차량 수	1분 뒤에 신호를 통과하는 차량 수	1분 뒤에 빨간불로 바뀌었을 때 늘어선 차량 수
8 : 00	11	10	1
8 : 01	11	10	2
8 : 02	11	10	3
8 : 03	11	10	4
⋮	⋮	⋮	⋮
8 : 20	11	10	21

야 한다. 만약 1분마다 바뀌는 교통 신호가 제대로 적용된다면 브라이언은 존보다 딱 2분 늦게 도착하게 될 것이다. 그런데 다시 처음으로 돌아가서, 존의 출근 시간이 브라이언보다 20분이 덜 걸리는 이유는 교통 신호등이 늘어나는 교통량에 대처할 수 있는 서비스 비율이 충분하지 않기 때문이다.

교통 정체

건설 관계자들에게 도로에 늘어서 있는 차들은 아주 골치 아픈 문제이다. 원인은 교통 신호등뿐만이 아니다. 차들의 흐름을 막는 원인으로는 교차로나 교통 사고나 도로 공사도 있다. 그런데 한 가지 의심스러운 것은 달리던 차가 속도를 줄이거나 잠깐 멈춰서거나 하는 것도 교통 정체의 원인이 된다는 것이다.

아마 경험해본 사람이 있을지도 모른다. 고속도로에서 시속 120km로 달리는데 앞에 달리던 차가 갑자기 속도를 줄이는 바람에 급정거를 했다거나 도로 공사나 교통사고 때문에 투덜거린 적이 있을지도 모르겠다. 한 5분 정도 정지했다가 앞에 차가 달리기 시작하면 다시 120km의 속도를 내는 것이다. 앞을 가로막는 사고나 어떤 장애물 표시도 없었고, 거의 비행기가 추락하는 듯한 굉음을 내며 달렸다.

실제로 그 도로는 포화점에 다다랐던 것이다. 운전자라면 누구나 안전을 위해 앞 차와 자기 차 사이에 일정 간격을 두고 싶어하지만 차가 너무 많을 때는 그 간격이 없어진다. 어떤 이유로든 앞차가 속도를 낮춰 차 간격이 가까워지면 여러분도 속도를 낮추게 된다. 다시 앞 차가 속도를 낼 때 여러분이 반응하는 데는 시간이 걸리고, 그 순간 차 사이의 간격은 넓어진다. 하지만 뒤에 있는 차는 여전히 여러분보다 더 속도를 낮추게 된다. 그러면 그 뒤에 차는 또 브레이크를 밟아야 한다.

고속도로를 달릴 때 감속하고 있는 차의 '충격파'를 머릿속에 그려보자. 대형 용수철의 끝을 잡고 있다고 생각해도 좋다. 용수철을 흔들면 그 파동은 용수철을 타고 옮겨가는 것을 볼 수 있다. 자동차에도 똑같은 현상이 일어난다. 이 파동이 옮겨가는 속도는 급정거를 할 것인지 계속 달릴 것인지에 영향을 줄 수 있다. 확실히 이해하기 위해 일상생활에서 일어나는 줄의 문제인 에스컬레이터에 대해 생각해보자.

김밥 집의 줄

아침 출근 길, 회사 근처 김밥 집에서 김밥을 사려는 사람들의 줄을 가끔 볼 때가 있다. 이 현상은 왜 일어나는 것일까? 이는 포아송 분포(Poisson distribution)로 설명할 수 있다. 가게에 도착하는 손님의 수가 분당 평균 1명이라고 할 때, 이것은 매분마다 정확히 1명의 손님이 들어온다는 것을 의미하지는 않는다. 1분 동안 아무도 오지 않을 수 있고, 다음 1분 동안 3명이, 그 다음 1분 동안 1명이 올 수도 있다.

이렇게 도착 횟수가 일정하지 않으므로 분당 평균 A명의 손님이 온다고 할 때, 일정 시간 동안 N명의 손님이 도착할 확률은 다음과 같은 공식으로 계산할 수 있다.

$$\frac{e^{-A}A^N}{N!}$$

이때, N!은 N의 계승(N factorial)이고, 불가사의한 수 'e'에 대해서는 209쪽을 참고하자.

분당 평균 1명의 손님이 온다고 할 때($A=1$), 이 공식에 의하면 특정 시간 동안 김밥 집에 4명의 손님이 도착할 확률은 약 $0.02(=1/50)$이다.

포아송은 이렇게 가게에서 만들어지는 줄 뿐 아니라 교통 정체에도 적용된다. 그래서 도로 교통을 계획하는 일에 종사하는 사람을 더욱 골치 아프게 만든다.

파동과 에스컬레이터

바쁘게 움직이는 런던의 통근자들은 계단으로 올라가기보다는 에스컬레이터를 타고 걸어 올라간다. 조금이라도 시간을 줄일 수 있기 때문이다. 그런데 어느날 피곤에 지친 한 여행객이 에스컬레이터에서 그냥 서버렸다. 그 바람에 뒤에서 힘차게 걸어오던 사람들도 멈춰 서게 되었다.

어떤 일이 일어날까? 서버린 그 여행객 바로 뒤에 오던 사람이 갑자기 멈춰서고, 고속도로에서처럼 차들을 정지시켰던 파동 현상이 에스컬레이터에서도 일어난다. 만일 에스컬레이터가 사람들로 꽉 찬다면 위에서 아래까지 사람들은 거의 순식간에 멈춰 서게 되는 것이다.

자, 이제 통근 행렬을 방해했던 여행자가 에스컬레이터에서 내리고 사람들이 다시 걸어 올라가기 시작하는 모습을 상상해보자. 고속도로에서 천천히 달리던 차가 다시 속도를 내는 것과 같다.

그림을 그려 몇 사람들을 정해보겠다.

에스컬레이터는 1초에 2계단씩 올라간다. 다음에 나오는 그림은 에스컬레이터를 정지시킨 순간이다. 계단 맨 앞에 조가 있다. 에스컬레이터 맨 위에서 10계단 내려와 있는 곳이다. 조 뒤로 다섯 계단 아래에 크리스틴이 있는데 그녀는 꼭대기에서 15계단 아래에 있다. 크리스틴 뒤로 다섯 번째 계단, 맨 위에서 20개 계단 아래에 스티븐이 있다. 그리고 앞사람이 계단을 오르는 것을 보고 그 뒷사람이 움직이는 데는 1초가 걸린다. 이제 막 조가 에스컬레이터를 걸어 오르기 시작했다.

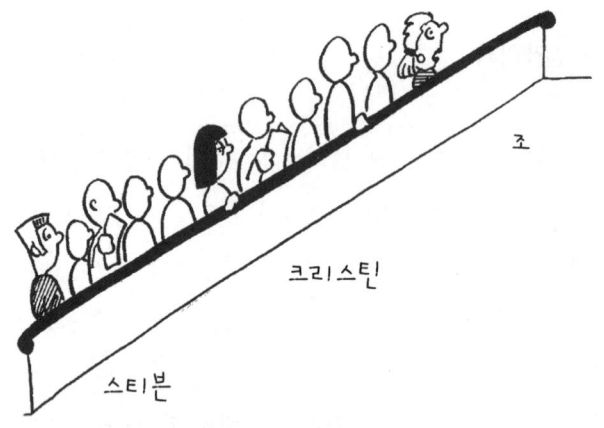

　5초 뒤에는 걷기 시작하는 사람들의 '파동' 은 다섯 사람 아래로 내려온다(1초에 한 사람씩). 그래서 이 파동은 에스컬레이터로 다시 올라가기 시작하는 크리스틴에게까지 온다. 5초가 지난 뒤로 매초 2계단이 올라가는 에스컬레이터는 10개의 계단이 위로 올라가 있다. 크리스틴은 지금 맨 꼭대기에서 5계단 아래에 있다. 크리스틴 뒤로 5계단 밑에 있는 스티븐은 여전히 움직이지 않고 있지만 에스컬레이터는 그를 위에서부터 10번째 계단으로 옮겨놓았다.

　또다시 5초가 지난 뒤에는 스티븐도 위로 막 올라가려고 하는데, 어느새 스티븐은 에스컬레이터 맨 꼭대기에 와 있다. 걸어 올라가는 사람들의 파동이 에스컬레이터를 꼭대기까지 옮겨놓았다. 그러고는 금세 사라졌다. 뒤에 있는 나머지 사람들은 서 있는 채로 있고 이 파동은 시간차를 두고 에스컬레이터를 타는 사람이 있을 때까지 계속될 것이다. 이것은 파동이 에스컬레이터 위로 올라갔기 때문이다. 에스컬레이터가 더 느리게 움직이고, 앞사람이 움직이는 것에 사람들이 좀더 빠르게 반응을 보였다면 파동은 에스컬레이터 아래로 옮겨갔을 것이다. 그리고 곧 에스컬레이터 위에 서 있던 사람들은 모두 다

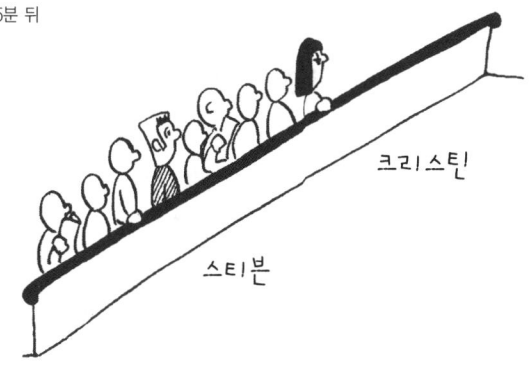

시 걷게 되었을 것이다.

　이는 사람이든 자동차든 교통의 흐름 속에는 속도를 늦추거나 높이는 파동이 있다는 것을 보여준다. 이 파동은 포화 상태의 맨 앞이나 뒤를 향해 퍼져나가는데, 전반적인 교통 흐름의 상대적인 속도나 각 개인들의 반응 시간에 영향을 받는다. 그리고 파동으로 정지 상태와 자동차가 10km로 늘어선 정체 상태를 구분할 수 있다.

　25번 고속도로처럼 통행량이 많은 도로에서는 동시에 퍼지는 파동이 수백 가지가 있을 수 있다. 모든 운전자들은 그 파동에 대해 서로 다르게 반응하는 데 아주 조심스러운 운전자라면 실제로 과잉 반응을 보여 속도를 급격히 늦춘다. 그러면 그 뒤에 있던 차는 앞차와의 간격이 또 가까워지고 어쩔 수 없이 정지하는 것이다. 교통 체증은 이렇게 시작된다. 도로에 서 있는 차는 소형 교통 신호등과 같다. 도착 비율은 정지하고 있는 차 뒤로 밀려들어오는 초당 차량수이다. 서비스 비율은 1초마다 빠져나갈 수 있는 차량수이다 이 비율은 도착 비율보다 현저하게 낮다(특히 추운 날 아침에는 10대 중 1대가 공포 속에서 꼼짝 못 하고 있을 것이다).

> ### 빨리가기 위해 천천히 가기
>
> 어떻게 하면 25번 고속도로에서 좀더 빨리 달릴 수 있을까? 그 방법은 천천히 운전하는 것이다.
>
> 1994년에 교통부는 러시아워 때 제한 속도를 시험해보기로 했다. 25번 고속도로가 차들로 꽉 차 있을 때 제한 속도는 120km/h에서 80km/h로 줄어들었다. 이는 교통의 파동이 그렇게 심하지 않았고 차량의 흐름이 원활했다는 것을 보여주는 것이다. 무엇보다도 완전히 정지했다가 출발하는 횟수가 줄었고 따라서 교통 체증도 줄었다. 이로써 교통량이 많을 때 25번 고속도로를 달릴 수 있는 차량의 수는 제한 속도가 120km/h일 때보다 80km/h일 때 더 많아진다는 사실이 밝혀졌다.

슈퍼마켓에서

도로에서의 교통 정체만큼이나 짜증스러운 것이 슈퍼마켓 계산대에서 줄을 서는 것이다. 슈퍼마켓에 적용되는 수학은 도로에 적용되었던 것과 공통점이 많다. 만일 금요일 오후 4시 30분쯤 세인스베리에 간다면 20분이면 쇼핑을 끝낼 수 있을 것이다. 하지만 5시 30분쯤에 도착한다면 같은 쇼핑을 해도 1시간이나 걸린다. 이유가 뭘까? 물론 토마토 통조림을 가지러 가는데 갑자기 걸음마를 막 시작한 아이가 나타나는 바람에 카트가 다른 카트와 부딪쳐 시간이 걸리기도 한다. 하지만 주로 시간이 걸리는 이유는 계산대의 줄 때문이다. 손님이 많

아 도착 비율은 높아지는데 계산대에 있는 점원의 서비스 비율은 항상 같다.

물론 슈퍼마켓은 지방 교통 건설부보다 낫다. 왜냐하면 손님이 밀리면 계산대를 더 만들 수 있으니 말이다. 이것은 교통 신호등이 있는 도로를 또 하나 개통해서 서비스 비율을 높이는 것과 같다. 슈퍼마켓은 불편을 덜기 위해 바구니만으로 쇼핑을 끝낸 손님을 위해 특별 계산대를 열 수도 있다.

재미있는 것은 일반 계산대와 특별 계산대를 하나씩 두는 것이 꽤 공평해보이지만 실제로 이것은 모두 같은 일반 계산대를 열었을 때보다 줄을 기다리는 평균 시간이 더 길어진다는 것이다. 그 이유는 특별 계산대를 이용하는 손님이 없을 경우 그 계산대의 점원은 손을 놓고 있을 것이기 때문이다. 많은 사람들이 선택할 수 있는 계산대가 제

> ### 줄에 대한 몇 가지 이야기
>
> - 11월 어느날 25번 고속도로에는 51만 8천 대의 차들이 정체되는 교통 체증이 있었다. 25번 도로에서 그런 날은 수년 동안 계속되었다. 이 고속도로는 32km로 차들이 줄지어 서 있던 적도 있었다.
> - 러시아 사람들에게 줄은 아주 중요하다. 그들은 어떤 줄을 보든지 우선 가서 선 다음 뭘하는 줄인지 물어본다.
> - 대기 이론에서 가장 간단한 공식은 T분 뒤에 줄 서게 되는 차량 수에 대한 것이다. 공식은 다음과 같다. $N=(A-S)T$, 이때 A는 분당 도착 차량 수, S는 분당 줄에서 출발해 나가는 차량 수(즉, S는 서비스 비율이다).
> - 영어에서 '줄'의 뜻을 가진 단어 'Queueing'는 5개의 모음이 줄지어져 있는 유일한 단어이다.

한적이기 때문에 전체로 보았을 때 비효과적으로 계산대가 사용되고 있는 것이다.

추월은 불가능하다

이 장을 시작하면서 브라이언의 상황에 대해 생각해보았다. 7시 30분에 집에서 나오면 회사까지 30분이 걸리는데, 10분 늦은 7시 40분에 출발하면 50분이 걸린다. 브라이언은 이를 생각하다가 10분이 아니라 1시간 늦게, 8시 30분에 집을 나선다면 회사까지 20분밖에 걸리지 않는다는 사실을 알아냈다. 늦게 출발했을 때 도착할 때까지 시간이 덜 걸리는 것도 가능한 일이다. 브라이언은 궁금했다. '그럼, 그보다 1분 더 늦게 출발하면 1분 더 빨리 도착한다는 뜻일까?' 이는 게으른 회사원의 희망사항일 뿐이다. 이제 여러분은 브라이언의 논리가 지닌 오류가 무엇인지 설명할 수 있을 것이다.

17 뜨거운 물과 찬물 _ 삑 소리 나는 마이크에서 인구 증가까지

밤새도록 차를 타고온 여러분은 싸구려 호텔에 묵기로 한다. 호텔 방에 있는 TV는 손으로 '탁탁' 쳐야 화면이 '지직'거리다 나오고 커튼을 젖히자 바로 앞이 버스정류장이다. 다 참을 수 있다. 하지만 그보다 더 심한 것은 샤워를 하려고 물을 틀었는데 차가운 물방울이 얼굴 위로 떨어지는 것이다.

   수도꼭지를 급하게 '온수' 쪽으로 돌려 물이 미지근해지는지 손을 대어보면서 온수를 최대로 틀어놓는다. 막 비누칠을 했는데 이젠 너무 뜨거운 물이 나온다. 수도꼭지를 '냉수' 쪽으로 돌려보지만 여전히 뜨거운 물이 나온다. 다시 최대로 차가운 쪽으로 수도꼭지를 돌리자 물은 다시 차가워지고 또 '온수' 쪽으로 물을 튼다. 이 과정을 반복하는 당신은 이제 물이 차가웠다 뜨거웠다가 반복되는 주기 안에 말려든 것이다. 그 주기는 싸구려 호텔에 들어온 것을 후회하고 투덜대면서 욕실에서 나올 때까지 계속 된다.

 이 호텔 샤워기는 어째서 온도를 제대로 맞출 수 없었을까? 이는 벌레들이 갑자기 많아져 피해를 주는 경우나 경기 침체, 자동 조종 장치, 마이크에서 '삐익' 소리가 나는 문제와 같다. 이는 더글러스 애덤스가 쓴 소설 속의 성스러운 탐정 더크 젠틀리가 말했던 것처럼 모든 것은 근본적으로 서로 연관되어 있다. 즉, '피드백' 때문이다.

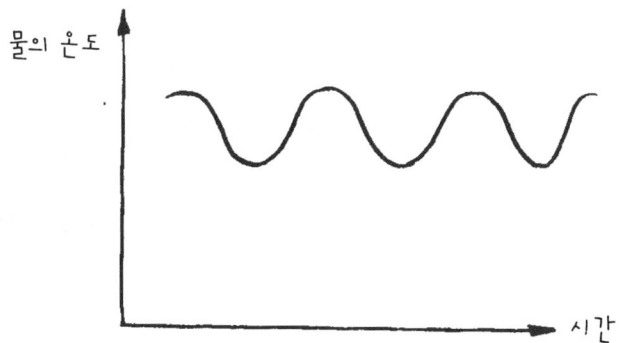

17. 뜨거운 물과 찬물

행위와 결과

어떤 사람이 화가 나서 주먹을 휘둘렀을 때 다시 주먹이 날아오는 것은 당연한 이치다. 모든 작용에는 반작용이 있다는 사실을 처음 발견한 사람은 수학자 뉴턴이다. 비록 그때 주정꾼들의 싸움에 대해 설명한 것은 아니지만 말이다. 뉴턴은 물리적 힘을 언급했지만 작용과 반작용의 원리는 거의 모든 상황에 적용된다. 이때 반작용이 작용을 시작한 사람에게 어떤 영향을 미친다면 이것을 '피드백'이라 한다. 입력값(처음 날아간 주먹)은 입력자(처음 주먹을 휘두른 사람)에게 직접적인 영향을 주는 반응(피드백은 돌아온 주먹이다)을 이끌어낸다(그는 날아오는 주먹을 맞으면서 더 큰 주먹을 날릴 것을 결심한다).

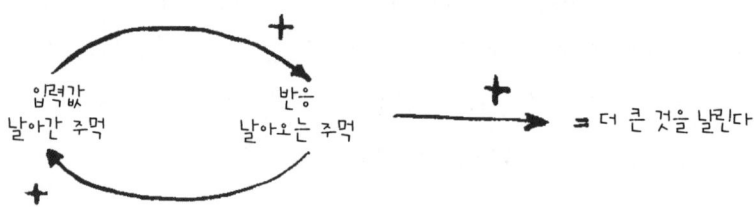

사실, 주먹을 맞을 때는 절대 긍정적이라고 생각할 수 없겠지만 이것은 긍정적인 피드백(positive feedback)의 예 중 하나이다. 어떤 작용에 대한 반작용이 처음 작용을 강화시키는 것이 긍정적인 피드백이다. 콘서트 장에서 갑자기 마이크에서 귀청이 찢어질 듯한 '삐익' 소리를 들은 적이 있다면 그것은 마이크(입력값)가 스피커(출력값)에 너무 가까이 있어서 생긴 긍정적인 피드백이다. 스피커가 마이크로 피드백한 것이다.

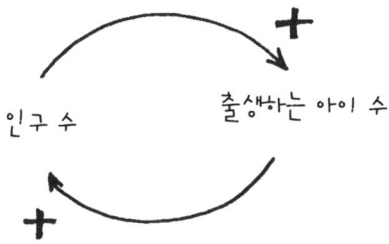

긍정적인 피드백은 인구 증가 현상에서도 볼 수 있다.

증가하는 인구는 더 많은 아이들을 의미하고 많은 아이들은 또 인구 증가를 의미한다. 이렇게 인구는 증가한다.

지수적 증가

인구가 적다 해도 그 증가율은 수에 비례한다. 이것은 더욱 빨리 증가한다는 의미이다. 실제로 인구 수 그래프는 아주 특별한 공식에 의해 그려진다. $P = P_0 e^{Bt}$, 이때 P는 인구 수, P_0는 계산을 시작할 때 인구 수, B는 출생률, t는 시간이다. e는 π와 Φ와 더불어 수학에서 매우 중요한 수로서 그 값은 2.72보다 조금 작다(다음 상자 참고).

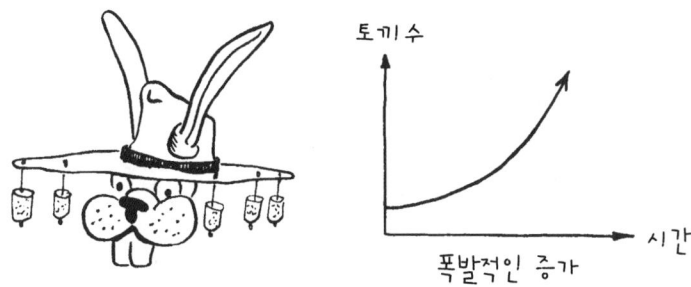

오스트레일리아에서 있었던 토끼 수의 증가도 지수적 증가(exponential growth)의 예이다. 오스트레일리아에 토끼가 처음 소개된 것은 농부들의 사냥감용이었다. 그런데 오스트레일리아의 기후가 토끼가 살기에 적격이라는 것이 화근이었다. 몇 년 뒤에 토끼는 국가적인 골칫덩이가 되었으니 말이다.

이런 지수적 증가가 조절되지 않는다면 무엇에 의해서든 세상은 곧 무너지고 말 것이다. 하지만 다행히도 증가를 제한시키는 다른 요인이 있으니 이 요인들을 부정적인 피드백(negative feedback)이라고 한다.

날로 증가하는 수련

어느 마을 연못에는 수련이 너무 빨리 자라 연못을 차지하는 면적이 매일 2배씩 늘어갔다. 30일 뒤에는 이 연못 전체가 수련으로 뒤덮였다. 그렇다면 수련이 연못 면적의 반을 차지했던 때는 언제였을까?

이 수수께끼의 답은 29일째 되는 날이다. 이것이 지수적 증가의 위력이다. 이때 연못을 차지하는 면적을 구하는 공식은 $A = 2^t$ (A : 연꽃으로 덮이는 면적, t : 날짜 수)이다.

> ### E (=2.71828182845⋯)에 대한 몇 가지
>
> - 트럼프 두 상자를 가지고 상대방의 카드를 맞추는 놀이를 할 때, 동시에 똑같은 카드를 뽑지 않을 확률은 약 $\frac{1}{e}$ 이다.
> - 마당을 가로질러 걸려 있는 빨랫줄이 아래로 휘어져 곡선을 만드는 정도를 구하는 공식은 $\frac{1}{2}(e^x + e^{-x})$ 이다.
> - e 를 계산하는 가장 좋은 식은 $1 + \frac{1}{1!} + \frac{1}{2!} + \frac{1}{3!} + \frac{1}{4!} + \cdots$ 이다. 여기서 !은 'factorial' ($3! = 3 \times 2 \times 1$)이다. π 를 구하는 공식도 이것과 아주 비슷하다. 비교해보자(22쪽 참고).
> - e 의 성질은 쾨니히스베르크의 다리 문제를 풀어냈던(28쪽 참고) 오일러가 처음 발견했다. 우연히도 오일러(Euler)의 이름 첫자와 일치하기도 하지만 실제로 e 는 '오일러의 숫자' 로 알려졌다.

초보운전자의 운전 솜씨

운전중에 갑자기 오른쪽으로 급커브 길이 나오면 본능적으로 핸들을 오른쪽으로 꺾게 된다. 이때, 핸들을 돌리는 것이 입력값이고 눈은 지금 피드백을 주고 있다. 충분히 깊게 핸들을 꺾지 않았다면 머리는 손으로 핸들을 더 힘껏 돌리라는 메시지를 전송한다. 반면 너무 많이 핸들을 돌렸다면 방향을 반대로 하라는 메시지를 보낸다. 민첩한 운전자라면 민감하게 반응해서 아주 재빠르게 정확한 위치로 핸들을 돌릴 수 있을 것이다. 핸들은 아래 그래프처럼 움직일 것이다.

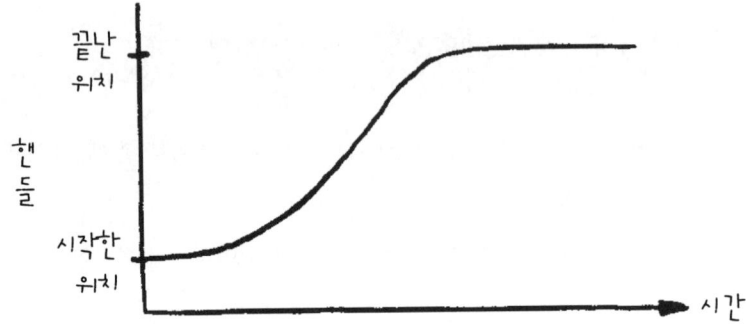

아직 초보 운전자라면 금방 제 위치를 찾기는 하지만 정확한 위치 주변에서 약간의 흔들림이 있을 것이다.

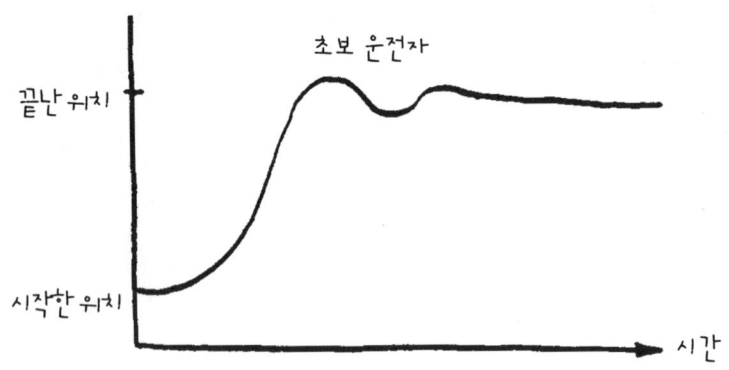

이것은 부정적 피드백으로 생긴 결과의 예로, 운전자에게 안정된 상태에 있던 핸들을 한 고정점에서 다른 점으로 옮기게 했다. 부정적 피드백은 핸들을 너무 많이 꺾었을 때 적용된 것이다. 하지만 부정적 피드백의 방법이 잘못 적용된 경우가 있어 결과가 고르지 않은 것이다. 짙은 안개가 낀 날도 이런 일이 있을 수 있다.

안개 낀 날이라면 커브 길이 있다는 것을 알아차리는 데 시간이 걸릴 수도 있고 반응 또한 더 과격해질 수도 있다. 그래서 너무 심하게 핸들을 돌리고, 너무 심하게 돌렸다는 것을 알고는 또 과잉 반응을 보일 가능성도 크다. 과잉 반응을 보인 예다.

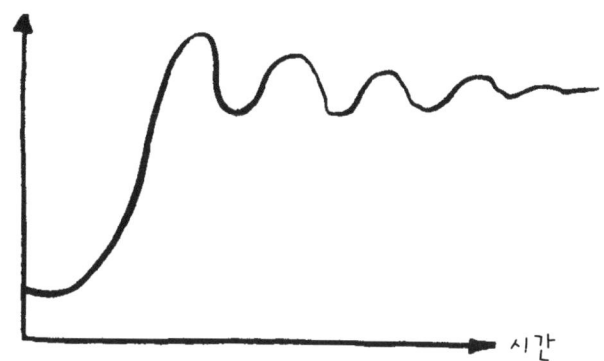

위와 같은 그래프가 나타날 경우에는 운전자가 결국 얼마나 핸들을 돌려야 하는지 제대로 알게 되므로 다행히 아무 사고도 없다. 하지만 반응이 완전히 틀리면 운전자는 차를 제어할 수 없게 될 수도 있다.

여우와 토끼

이제 자연으로 눈을 돌려보자. 운전자가 나타냈던 것과 같은 모양의 그래프는 동물의 수에서도 나타날 수 있다. 오스트레일리아의 토끼가 기하급수적으로 늘어날 수 있었던 이유는 토끼를 잡아먹는 동물이 없었기 때문이다. 만약 토끼 수를 줄일 수 있을 만큼의 여우가 있었더라면 그 수는 크게 달라졌을 것이다.

　육식동물은 동물의 수를 조절하는 주된 요인 중 하나다. 먹이도 또 다른 요인이 된다. 언제나 동물의 수가 많아질수록 한 마리당 가질 수 있는 먹이의 양은 줄어들게 마련이다. 먹이가 줄어들면 굶는 동물이 많아지고 결국 사망률이 높아진다. 이것을 부정적 피드백 고리(negative feedback loop)라고 부른다. 그렇다면 육식동물에게는 어떤 일이 일어날까? 육식동물들의 먹이는 또 다른 동물이다. 육식동물들은 살기 위해서 가능한 한 더 많은 먹이를 먹고 싶어한다. 하지만 많이 먹으면 먹을수록 결국 먹이는 바닥나고 말 것이다. 여기에는 어떤 조절이 필요하다.

　육식동물과 그 먹이의 수가 어떻게 변하는지 보기 위해서는 여우와 토끼, 이 두 동물만 존재하는 가상의 세계를 만드는 방법이 가장 쉬울 것이다. 여기서 여우의 유일한 먹이감은 토끼이다.

　이 가상 세계를 만드는 한 가지 방법으로 여우와 토끼의 출생률과 사망률에 대한 공식을 만든다(즉, 매달 태어나고 죽는 두 동물의 수이다). 매달 여우(F)와 토끼(R)의 마리 수를 다룬 공식은 다음과 같다.

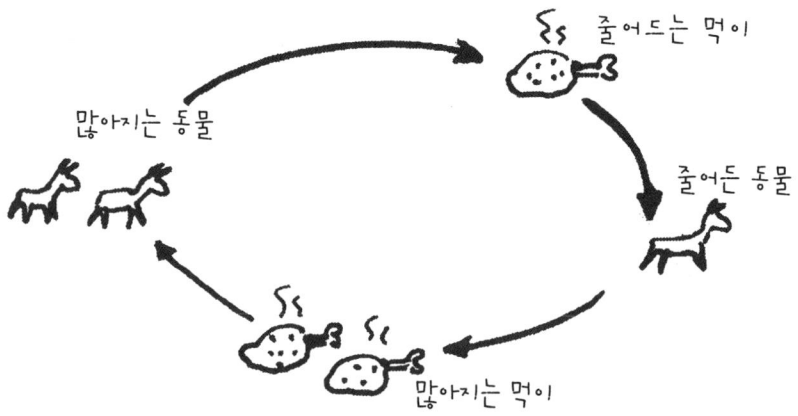

$$\text{New F} = \text{Old F} \times B_f - F \times D_f / R$$
$$\text{New R} = \text{Old R} \times B_r - F \times D_r \times R$$

Old F는 전체 여우수, Old R은 지난달 토끼수, New F와 New R은 이번달 여우와 토끼수, B_f와 B_r은 매달 여우와 토끼의 출생률(매달 한 마리가 낳는 새끼를 세어서 구한다), D_f와 D_r은 여우와 토끼의 자연 사망률이다.

공식은 상식에 입각한 것이다. 여우의 경우 수가 증가하거나 토끼의 수가 줄어들면 여우의 사망률은 높아진다. 왜냐하면 두 가지 경우 모두 여우 한 마리당 먹이 수가 줄어들기 때문이다. 죽는 토끼의 수는 여우의 수가 증가할 때 늘어난다.

위의 공식은 한 사이클을 만든다. 시작점에서 여우는 토끼를 많이 먹을 수 있을 것이다. 그러면 토끼 수가 줄어드는 동안 여우의 수는 늘어난다. 하지만 이렇게 충분한 공급 기간이 지난 후 여우는 한정된 먹이를 두고 서로 싸우다가 굶어 죽어가기 시작할 것이다. 결국 토끼와

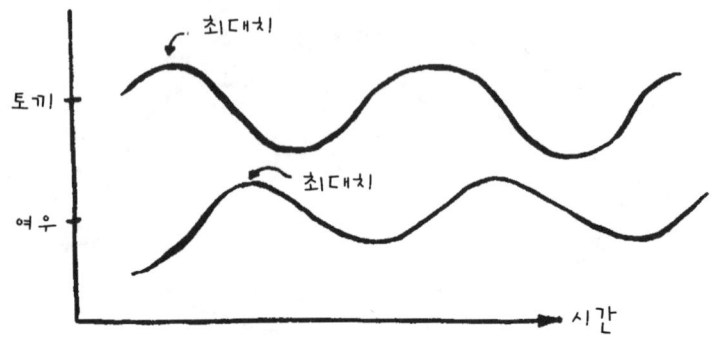

여우 모두 그 수가 줄어든다. 여우의 수가 최저치가 될 때 토끼의 수는 회복된다. 그러면 얼마 안 있어 여우의 수도 역시 증가한다. 정확한 수치는 여우와 토끼가 얼마나 빨리 새끼를 낳고 얼마나 많이 죽느냐에 따라 달라지겠지만 두 동물의 마리 수는 다음과 같이 변할 것이다.

여우와 토끼 수의 변화를 볼 수 있는 또 다른 방법은 시간에 상관없이 두 동물의 마리 수를 점으로 찍고 그 점들을 연결해 곡선을 그리는 것이다. 만약 위 그래프와 같이 두 동물의 수가 고른 파장을 보인다면

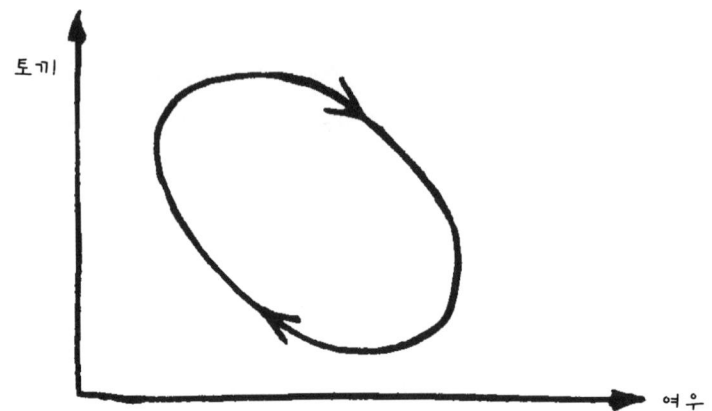

여우와 토끼의 수는 앞과 같은 사이클로 변할 것이다. 토끼의 마리 수가 계속해서 줄어들 것처럼 보일 때가 있을 것이다. 하지만 여우 수가 줄어들기 시작하면 토끼의 감소 현상은 갑자기 멈춘다.

  자연은 이런 사이클을 깨뜨릴 만한 큰 변화에 좀처럼 쉽게 무너지는 것 같지 않다. 예를 들어 여우는 겨울이 되면 추운 날씨 때문에 보

여우와 토끼 수의 변화

다음 표는 표 안에 있는 숫자들을 앞의 공식에 대입했을 때 여우와 토끼의 수가 어떻게 변하는지 보여준다. 여우와 토끼 각각 100마리에서 계산은 시작된다. 두 달 뒤 토끼가 얼마나 급격히 줄어드는지, 또한 8개월 뒤 여우의 수가 곤두박질칠 때 토기의 수가 다시 늘어나기 시작하는 현상도 볼 수 있다.

개월 수	여우 수	토끼 수
0	100	100
1	110	90
2	120	78
8	100	23
16	14	39
24	18	126
32	54	290
40	178	125

공식에 출생률과 사망률로 사용되는 값은 다음과 같다.
$B_f = 1.2$　$D_f = 10$　$B_r = 1.2$　$D_r = 0.003$

통 때보다 많이 죽는다. 하지만 이 현상은 남아 있는 여우들에게 다음 해에 먹을 토끼를 더 많이 주게 되고, 그러면 여우의 수는 급격히 증가한다. 이렇게 여우의 수는 다시 안정된 상태로 돌아온다. 만약 되돌아오지 않는다면 결과는 다음 두 가지 중 하나일 것이다. 오스트레일리아에서처럼 육식동물의 수가 적어 토끼의 수가 기하급수적으로 증가하든지 아니면 계속 줄어들다가 결국 여우는 소멸하고 말 것이다. 이제까지는 다음 두 가지 사건, 공룡을 싹 쓸어버린 원인으로 알려진 운석과 같은 환경 재난과 인간의 출몰이 사이클에 가장 큰 영향을 미친 것 같다.

1988년의 슬럼프 : 뜨거운 물을 너무 많이 틀었나?

급속도로 발전하던 영국 경제가 1989년에 갑자기 곤두박질쳤다. 이에 대해서 1988년 경제가 과열되었다는 것이 한 가지 해석이다.

사실 호황 속에서도 실업문제나 인플레이션 같은 모든 적신호들은 있었다. 재무장관은 이율이나 세금을 좀더 낮추어 경제를 더 끌어올려주면 된다고 생각했다. 하지만 그가 깨닫지 못한 것은 호텔 샤워기처럼 경제의 급속 발전(뜨거운 물)은 이미 이루어졌는데 이것을 더 부추겼다는 사실이다. 그 결과 경제 온도는 적정 수준을 넘어 너무 높이 치솟았다.

영국은 결국 큰 국제 수지 적자를 보았고, 재무장관은 이율을 크게 높여 찬물이 나오는 수도꼭지를 트는 수밖에 다른 도리가 없었다. 이렇게 경기 침체는 갑작스럽게 온 것이다. 이 모든 원인은 정부가 경제의 뜨거운 물탱크는 알려진 것 이상으로 빠르게 반응한다고 생각했기 때문이다.

시차와 샤워기

그렇다면 앞에서 설명한 샤워기의 뜨거운 물과 찬물의 문제는 어떻게 해석될 수 있을까? 샤워기는 피드백 시스템을 가지고 있다. 인풋은 냉온수 수도꼭지를 돌리는 정도이고 피부가 감지하는 물의 온도가 아웃풋이다. 온도가 너무 낮으면 적당히 조절하게 되는데, 이것이 피드백이다.

문제는 샤워기를 조절하는 사람이 자신이 받은 피드백을 잘못 해석하는 데서 발생한다. 그는 물의 온도가 수도꼭지를 돌리는 정도에 따라 즉시 달라질 것이라고 생각한다. 하지만 알아야 할 것은 온수물 탱크는 바로 옆에 붙어 있는 것이 아니라는 사실이다. 즉, 온도를 높이고 그 결과를 느끼는 데는 약간의 시차가 있다는 것이다.

이 시차는 여우들이 죽을 때의 시차와 유사하다. 토끼 수가 줄어들었을 때 여우는 바로 죽지 않는다. 한 달이나 그 이후에 죽어간다. 샤워기를 조절하는 사람이 조심스러운 사람이 아니라면 그는 곧 여우와 토끼가 만들어낸 것과 같은 사이클을 만들게 될 것이다.

과잉 반응을 보이는 시스템 중 가장 우려되는 것은 바로 대중매체이다. 얼마 전만 해도 새로운 뉴스가 알려지는 데는 여러 날이 걸렸다. 즉각적인 분석이 절실히 필요한 것은 아니기 때문에 뉴스를 보고하는 사람들은 자기의 의견을 밝히기 앞서 뉴스를 제대로 이해할 수 있었다. 그런데 지금은 새로운 뉴스에 대한 분석과 모든 관련 분야로부터의 반응이 거의 동시에 일어나고 있다. 이는 어떤 이야기를 극단에서 극단으로 움직일 수 있다는 뜻이다. 자연 재해를 보고할 때를 보면 전형적이다. 별일 아닌 것처럼 시작하다가('최소 50명이 사망했습니다……') 아주 큰 일로 커져나간다('400명 가량의 많은 사람들이 죽음의 공포 속에 있습니다……'). 그 사이 어딘가에 있을 확실한 정보를 주기 앞서 말이다('현재 241명이 사망한 것으로 알려졌습니다……').

사회는 통제하기 어려운 시스템을 만들어왔고 지금은 그 희생양이 되고 있다. 샤워기를 사용하는 사람이 조금만 현명하다면 이 문제의 해결책을 알 것이다. 수도꼭지를 돌리기 전에 잠깐 생각할 시간을 갖는다면 곧 올바른 답을 알게 될 것이다.

18 시간 맞춰 요리하기 _크리티컬 패스

"연료를 절약할 수 있는 조리법과 요리에 대해 이야기합시다!"

1941년 11월 인기 여성 주간지에 실린 기사의 헤드라인이다. 이것은 전쟁중 낭비를 줄이자는 캠페인, 특히 부엌에서 해야 할 일이었다.

　실제로 전시(戰時) 운동의 일환으로 토스트가 사용되기도 했다. 한 잡지에서는 토스트 세 개를 구워내는 효과적인 방법을 주부들에게 소개하는 광고를 실었다.

　스미더스 부인은 빵 두 개가 한 번에 한 면씩 구워지는 가스 그릴을 가지고 있다. 그런데 그녀는 남편과 아들, 자기가 먹을 빵 세 개를 굽고 싶었다. 토스트 세 개를 만드는 방법은 다음과 같다. (빵 세 개를 A, B, C라 하자.)

　　1. 우선 그릴 안에 A, B 두 개를 넣고 굽는다.(30초)

2. 빵을 뒤집어 뒷면을 굽는다. (30초)

3. A, B를 꺼내고 C를 넣는다. (30초)

4. C를 뒤집는다. (30초)

굽는 시간은 모두 2분 걸렸다. 하지만 잠깐! 연구가들은 여기에 약간 비효율적인 면이 있다는 것을 발견하고는 방법을 약간 수정하였다. 연구가의 방법으로 하면 스미더스 부인은 토스트를 만드는 데 드는 에너지를 25%나 줄일 수 있다.

1. A와 B를 그릴에 넣고 굽는다. (30초)

2. A는 뒤집고 B를 꺼내고 C를 넣는다. (30초)

3. 이제 A를 B로 바꾸어 넣고 C를 뒤집는다. (30초)

90초 만에 빵 세 장을 완벽하게 구워냈다.

영국의 부인들은 계획을 세우는 기술과 크리티컬 패스(critical path) 분석, 즉 최소의 시간과 최소의 경비로 일을 해내는 방법을 교

육받고 있었다. 사실 그 분석 방법을 처음부터 크리티컬 패스 분석이라고 부른 것은 아니고 1950년대가 되어서야 등장한 명칭이다. 여러 가지 조리 과정으로 저녁 식사를 준비해야 했던 경험이 있는 사람이라면 또 티타임까지 준비해야 할 경우 그 조리 과정의 순서가 올바를 수도 있고 잘못될 수도 있다는 사실을 알고 있을 것이다.

순서 정하기

어떤 일은 그 일을 처리하는 순서가 딱 한 가지밖에 없는 경우가 있다. 예를 들면 신발 신기 전에 양말을 신어야 하는 일이 있다. 신발과 양말은 양말 다음에 신을 신어야 하는 잇따라 일어나는 행동이다.

하지만 우리의 일상생활에는 순서를 선택해야 하는 일도 있다. 예를 들면 목욕을 할 때는 다음과 같은 두 가지 순서상의 선택 사항이 있다.

A. 옷을 벗은 다음 욕조에 물을 받을 것인가

B. 욕조에 물을 틀어놓은 다음 옷을 벗을 것인가

A를 선택한다고 해서 큰 손해를 보는 것은 아니다. 다만 욕조에 조금 늦게 들어가게 될 것이다. 옷을 벗는 데 2분, 물을 받는 데 10분이 걸린다면 A를 선택한 경우 12분이 걸리고 B를 선택한 경우 10분이 걸릴 것이다. 이는 옷을 벗는 것과 욕조에 물을 받는 일이 서로 독립 관계에 있어서 동시에 실행될 수 있기 때문이다.

연속적인 일(예를 들면 커피포트 스위치를 올리기 전에 먼저 물을 따라 넣어야 하는 일)과 동시에 이루어질 수 있는 일(라디오를 들으면서 다림질하는 일)을 구분하는 것은 집안 일을 할 때 중요하다. 좀더 확장시켜보면 연속적인 일과 동시에 일어나는 일은 산업 전반에 걸쳐 있는 공정관리자들이 활용하는 크리티컬 패스 분석에서 중요한 부분을 차지한다.

다리 건너기

16분 후면 출발하는 마지막 기차를 타기 위해서 인도교를 건너야 하는 남자 4명이 있다. 이들이 다리를 건너는 데 곤란한 문제가 있다. 다리는 한 번에 2명만 올라 설 수 있다는 것이다. 다리가 위험하기 때문에 건널 때는 언제나 손전등이 필요하고 될 수 있으면 함께 건너는 사람 중 느린 사람의 속도로 건너야 한다.

제임스는 1분 안에 다리를 건널 수 있다.

케이시는 2분

래리는 5분

마이크는 겁이 많아서 다리를 건너는 데 8분이나 걸린다.

어떻게 하면 이 네 명의 남자들이 무사히 다리를 건너 기차를 탈 수 있을까? 손전등은 하나밖에 없고 손으로 들고 다녀야 하며 던질 수는 없다. 마이크가 케이시와 함께 건넌 다음 마이크가 손전등을 다른 사람에게 건네주고 돌아온다면 16분이 걸린다. 이때는 이미 최종 시간을 넘긴다. 어쩌면 다음 방법이 직관적으로는 이해가 안 될지도 모르겠다.

제임스와 케이시가 먼저 건넌다. (2분)

케이시가 손전등을 들고 다시 돌아온다. (2분)

래리와 마이크가 함께 건넌다. (8분)

제임스가 전등을 들고 돌아온다. (1분)

제임스와 케이시가 함께 건너온다. (2분)

이렇게 하면 총 15분 걸린다.

쉐퍼드 파이와 크리티컬 패스

여기 프로젝트에 대한 예가 있다. 쉐퍼드 파이는 라면을 끓일 줄 아는 총각이라도 할 수 있는 음식이다. 스티븐은 오늘 저녁으로 쉐퍼드 파이를 만들어 먹기로 했다. 그런데 조리 과정이 너무 많아서 같은 방을 쓰는 크레이그한테 도와달라고 했다. 40분 뒤면 TV에서 축구 경기가 시작되는데 경기를 제대로 보려면 파이를 그때까지 만들어야 한다. 집에는 가스 버너 두 개와 오븐 하나, 크고 깊은 프라이팬 하나, 소스용 냄비 하나, 오븐용 냄비가 하나 있다.

다음은 두 남자가 부엌에서 해야 할 일과 각각 조리를 할 때 걸리는 시간이다. 이 시간은 누구에게나 똑같지 않을 것이다. 하지만 이것은 스티븐만의 요리법이고 조리 시간이다. 그리고 스티븐은 이 시간을 엄수한다고 하자.

A. 감자를 준비한다(감자는 씻은 다음 껍질을 벗긴다).   7분
B. 물을 끓인다.   3분
C. 물에 감자를 넣고 삶는다.   17분
D. 감자를 으깬다.   3분
E. 양파를 썬다(이때 눈물로 눈도 씻는다).   4분
F. 양파를 튀긴다.   3분
G. 다진 고기를 익힌다.   5분
H. 그레이비(육수에 다진 양파와 밀가루를 섞어 만든 되직한

소스)에 끓는 물을 붓고 고기에 붓는다.	2분
I. H의 고기를 약한 불에서 끓이고 오븐용 냄비에 담는다.	11분
J. 으깬 감자를 다진 고기 위에 펴얹는다.	2분
K. 오븐의 온도를 높인다.	5분
L. 파이를 오븐 안에 넣는다.	8분

여기에는 두 가지 주조리법이 있다. 하나는 고기를 조리하는 과정이고 또 하나는 감자를 조리하는 과정이다. 이 두 가지는 동시에 할 수 있는 일이다.

크레이그가 할 일

A → B → C → D = 30분
감자 준비하기 물 끓이기 감자 삶기 감자 으깨기

스티븐이 할 일

E → F → G → H → I → J → K → L = 40분
양파 썰기 양파 튀기기 다진 고기·그레이비 오븐용 감자 얹기 오븐 파이를
                                      냄비에 담기   달구기 오븐에 넣기

얼핏 생각하면 40분 안에 요리가 끝날 것처럼 보인다. 하지만 안타깝게도 한 가지 문제가 있다. J(다진 고기 위에 으깬 감자 얹기)는 감자를 으깬 다음에 D를 할 수 있다. 스티븐은 25분 후에 J 과정까지 올 수 있지만 으깬 감자는 30분이 되어야만 완성된다. 따라서 실제로 파이가 완성되는 데는 적어도 45분이 걸린다. 그때면 축구 경기는 이미 시작된 상태이다.

18. 시간 맞춰 요리하기 225

위 이야기는 크리티컬 패스 분석을 아주 잘 보여주는 예다. 스티븐과 크레이그는 어떻게 하면 쉐퍼드 파이를 시간에 맞춰 빨리 만들 수 있을까?

연속적으로 일어나는 일과 동시에 일어나는 일을 구분하는 기술이 있으면 아래 도표 같은 방법을 생각해낼 수 있다. 이 경우 다른 일과 독립적으로 이루어질 수 있는 일은 다섯 가지가 있다. A(감자 준비하기), B(물 끓이기), E(양파 썰기), G(다진 고기 익히기), K(오븐 달구기). 이 다섯 가지 조리 과정은 도표의 왼쪽에는 그려져 있고 그 오른쪽으로 그려진 과정은 이전 과정에 영향을 받는 일들이다.

여기서는 다양한 상호 연결이 이루어지고 있다. 물이 끓은 다음(B)에 그레이비를 섞을 수 있는(H) 것처럼 말이다. 반면 고기를 익히는 일과 양파를 튀기는 일은 동시에 할 수도 있는 일이다. 하지만 스티븐은 이 두 가지 일을 할 수 없는 상황이다. 그렇다면 먼저 다진 고기를 익히는 것이 좋을 것이다. 고기가 익는 동안 양파를 썰 수 있기 때문이다.

파이가 완성되기까지 전 과정을 따라가다보면 최소 37분 동안 조리된다는 것을 알 수 있다. 만약 전체 조리 시간이 정확히 37분 걸린다면 어떤 조리 과정을 시작할 수 있는 가장 빠른 시간과 가장 늦은 시간이 같아서 잇달아 할 수 있는 조리 과정이 있다는 뜻이다. 그것이 가능한 순서는 감자 준비하기, 감자 삶기, 감자 으깨기, 다진 고기에 감자 얹기, 조리된 파이를 오븐에 넣기 순이다.

이것이 크리티컬 패스이다. 이 과정에서 어떤 부분이 늦어진다면 파이의 완성이 늦어진다. 다른 말로 하면 이 크리티컬 패스 중 어떤 과정을 더 빨리 처리한다면 조리시간이 짧아질 수도 있다는 얘기가 된다. 감자 껍질을 벗길 때 평소보다 두껍게 벗겨내거나 껍질을 완전히 다 깎아내지 않는다면 감자를 준비하는 데 7분이 안 걸릴 수도 있다. 이 과정이 4분 빠르게 이루어진다면 전체 요리 시간은 33분이다.

그런데 크리티컬 패스 도표에서는 한 가지 약간 복잡한 사항을 고려하지 않았다. 한 번에 다섯 가지 일을 해야 하는 시점이 있다는 사실이다. A, B, E, G, K는 조리하는 사람이 두 명일 때는 한꺼번에 할

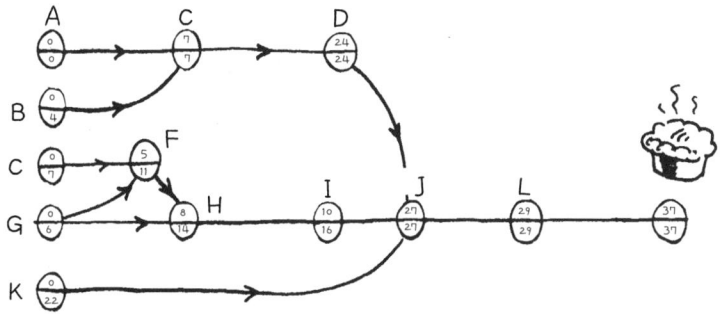

쉐퍼드 파이를 만드는 크리티컬 패스

원을 반으로 나누었을 때 위쪽에 있는 숫자는 조리를 가장 빨리 시작할 수 있는 시간을 나타내고, 원 아래에 있는 숫자는 그 조리를 시작할 수 있는 시간 중 가장 늦은 시간을 나타낸다. 조리를 시작할 수 있는 가장 빠른 시간을 화살표가 왼쪽에서 오른쪽으로 가는 과정을 따라 계산되었고, 늦은 시간은 파이가 완성된 시간부터 시작하여 요리가 진행되는 과정을 거꾸로 거슬러오면서 계산된 것이다.

예를 들면 물을 끓이는 과정(B)은 영향을 받는 이전 과정이 없기 때문에 0분에서 시작한다. 반면 전체 조리 시간이 늦어지지만 않는다면 물을 끓이기 시작할 수 있는 가장 늦은 시간은 4분(원 안의 아래에 있는 숫자)이다.

수 없는 일이다. 하지만 양파를 튀기고 고기를 볶는 데 예상한 시간이 모두 걸리지는 않을 것이다. 그래서 그 두 가지 조리는 크리티컬 패스에 들어가지 않고 조리 중 유동성이 있는 과정에 속한다. 실제로 두 남자는 그렇게 그럭저럭 요리를 끝낼 것이고 크리티컬 패스 분석의 효과를 감탄하며 축구 경기를 볼 수 있을 것이다.

대기 시간 줄이기

아무리 일의 순서가 바뀐다 해도 일이 끝나는 데 걸리는 시간이 달라지지 않는 경우가 있다. 그렇다고 그 순서가 아무런 관련성이 없다는 이야기는 아니다.

　외과 의사는 어느날 환자 다섯을 수술해야 했다. 수술은 모두 다른 유형이고 수술에 걸리는 시간도 모두 달랐다.

　누구를 먼저 수술하든지 전체 시간은 같을 것이다. 의사는 그날 골프 경기는 포기해야 했다. 하지만 수술 순서를 어떻게 잡느냐에 따라 환자들이 기다리는 평균시간은 달라질 것이고 이는 의사에게 고객인 환자들의 만족도에도 영향을 준다.

환자	수술 시간
A 아담	30분
B 바바라	120분
C 클레어	90분
D 데이비드	80분
E 어니	75분

수술 순서를 A, B, C, D, E의 순으로 잡았다고 해보자. A가 30분 동안 수술실에 있으므로 B는 30분을 기다려야 한다. A, B의 수술이 끝나면 150분이 지나고 C는 그 동안 기다린다. D는 30+120+90= 240분을 기다리고, E는 30+120+90+80=320분 동안 기다리게 될 것이다.

A, B, C, D, E의 대기 시간은 다음과 같다.

환자	수술 시간
A 아담	0분
B 바바라	30분
C 클레어	150분
D 데이비드	240분
E 어니	320분

이들의 평균 대기 시간은 $\frac{1}{2}$=148분이다.

이번에는 순서를 수술 시간이 짧은 순으로 바꾸면 어떻게 변하는지 알아보자. 순서는 A, E, D, C, B가 된다.

환자	수술 시간	대기 시간
A 아담	30분	0분
B 바바라	75분	30분
C 클레어	80분	105분
D 데이비드	90분	185분
E 어니	120분	275분

이렇게 되면 환자들은 148분이 아니라 평균적으로 119분만 기다

리면 된다. 이로써 환자들의 만족도는 높아졌다. 이처럼 의사들은 환자들의 수술 순서를 정하는 것까지 신경을 써야 한다.

큰 계획

스티븐의 쉐퍼드 파이와 외과의사의 수술 순서는 다른 여러 가지 계획 가운데 규모가 작은 것에 속한다. 건설 사업이나 생산공정, 군사 작전처럼 동시에 많은 일들이 진행되는 일에서는 크리티컬 패스 분석을 이용한 계획 관리 기법이 널리 사용되고 있다. 계획 관리자들은 거의 컴퓨터에 의존한다.

앞에서 보았던 단순한 경우를 복잡하게 만들 수 있는 요소는 얼마든지 많이 있으며 그 복잡성 때문에 컴퓨터 사용은 불가피하다. 예를 들어 스티븐과 크레이그가 요리를 하는 도중 가스 버너가 세 개 필요한 때가 있었다면 어떻게 했을까? 이를 해결하기 위해서는 조리 순서를 바꾸어야 했을 것이다. 아니면 스티븐의 엄마가 매일 저녁 이 시간에 스티븐에게 전화를 하는 습관이 있다고 해보자. 오늘 저녁에도 전화를 한다면 스티븐의 요리 시간은 늦어질 것이다. 바로 이 스티븐 엄마는 프로젝트를 계획할 때 빠뜨리지 말아야 할 위험 인자이다. 공사 현장에서는 날씨의 변화가 스티븐의 엄마와 같은 의미의 위험 인자다.

유능한 프로젝트 계획자는 크리티컬 패스 분석 과정에 위험 인자를 집어넣는다. 그리고 더욱 효과적인 계획을 세워 프로젝트에 드는 비용을 25%나 삭감할 수 있다. 극장이나 영화 프로덕션에 관련된 사람들은 이 점을 잘 알고 있다. 신경질적인 주연 배우가 화를 내고 세트

장에서 사라질 경우나 더운 여름 장면을 찍기 바로 전에 비가 쏟아질 때처럼 마지막 순간까지 제작자의 뒤통수를 치는 위기 상황들을 생각해보자. 프로젝트 계획 프로그램은 이러한 위험 인자들을 최소로 줄일 수 있다. 게다가 아마 아드레날린(강한 스트레스가 있거나 투쟁·공격 등에 대비할 때는 분비되는 호르몬) 분비도 줄여줄 것이다. 현실 생활보다 더 드라마틱해보이는 극적 요소들도 결국 큰 영향을 주지 않게 된다.

19 아이들과 신나게 노는 법 _숫자는 마술인지도 몰라

 아이들에게 어떤 것을 처음 가르칠 때 가장 중요한 것은 흥미를 유발시키는 것이다. 그 방법으로 마술은 아주 적격이다. 열한 살이 넘으면 심드렁해하지만 대부분의 아이들은 마술을 좋아한다. 사실 어른도 마술쇼를 볼 때면 정신을 빼앗긴다. 수학은 마술의 기본으로 이용될 수 있는 신기한 현상들로 가득하다. 이는 많은 마술사들이 수학을 좋아하는 이유이기도 하다. 유능한 수학자이자 아동작가인 루이스 캐럴(Lewis Carroll, 《이상한 나라의 앨리스》의 작가)이 수학과 퍼즐 모두를 좋아하는 것도 우연은 아닐 것이다. 어쩌면 수학 선생님들은 아이들을 위해서 마술사가 되어야 할지도 모른다.
 여기 몇 가지 마술을 실었는데 아이들은 이 마술을 보고 모두 신이 났고 어른들에게도 효과가 나타난 것들이다. 실제로 어느 회사의 경영진 회의 시작 전에 다음에 있는 첫번째 마술을 선보였다. 경영 방침에 대한 논의가 있었던 회의는 아주 진지했는데 회의가 끝날 무렵 한

임원이 손을 들어 질문을 했다.

"아까 했던 마술, 그거 어떻게 한 건가요?"

마술 1 : 동물 이름 알아맞히기

이제부터 여러분의 생각을 읽을 것이다. 여러분은 어떤 수에 9를 곱할 줄 알고 간단한 덧셈과 뺄셈만 할 줄 알면 된다.

- 1과 10 사이 숫자 중 하나를 생각한다. 생각한 숫자를 말하지 마라.
- 그 수에 9를 곱한다.
- 곱한 값은 두 자리수가 되었을 것이다. 그 수의 각 자리 숫자를 더한다(만약 25가 나왔다면 2+5=7이 된다).
- 각 자리 숫자를 더한 수에서 4를 뺀다. 이제 계산은 이것으로 끝이다.

- 그 숫자를 알파벳으로 바꾸어보자. 1은 A, 2는 B, 3은 C, 4는 D, …
- 그 알파벳으로 시작하는 동물 이름을 생각한다.
- 다 끝났다면 여러분이 지금 생각하고 있는 동물은 elephant(코끼리)다.

오호, 어떻게 맞혔지?

원리는 간단하다. 1과 10 사이의 숫자는 모두 9배를 하면 각 자리 숫자의 합이 9가 된다. 18, 27, 36, 45, …(사실 이 계산은 11을 제외한 20까지의 수에 9를 곱하여도 적용된다.) 어쩔 수 없이 9가 만들어지고 4를 빼면 5가 남는다. 다섯 번째 알파벳은 E가 되고, 이제 E로 시작하는 동물 이름을 찾으면 된다.

마술 2 : 마음 읽기

카드 52장 중에서 7장의 카드를 빼낸다(이때 가능하면 같은 모양이면서 연속된 숫자 7개면 더 좋다. 예를 들면 하트 에이스, 2, 3, 4, 5, 6, 7). 상대방에게 이 카드가 일반 카드와 같다는 것을 확인시킨다. 이제 상대방이 그 카드를 섞게 한다. 돌려받은 카드를 다시 잘 섞고 이때 가장 아래 있는 카드가 무엇인지 슬쩍 봐둔다. 여기서는 하트 에이스라고 하자.

이제 상대방에게 말한다. "나는 아주 강한 영적 능력이 있지. 그 힘으로 당신이 하트 에이스를 뽑지 못 하게 할 거야." 그리고 섞은 카드

를 뒷면이 보이게 하여 상대방에게 준다. 그 다음 1에서 6까지 숫자 중 하나를 생각하라고 한다. 만약 상대방이 4를 생각했다면 맨 위의 카드부터 3장의 카드를 한 번에 한 장씩, 들고 있는 카드 아래로 옮기게 한다. 그리고 맨 위에 있는 카드를 뒤집게 한다.

잠깐! 뒤집기 전에, 그 카드는 분명히 하트 에이스가 아닐 것이라고 말해준다. 분명히 아니다. 뒤집었던 카드는 앞면이 위로 오도록 들고 있는 카드 아래에 놓으라고 한다. 그러고 나서 다시 반복한다.

3장의 카드를 차례로 아래에 놓고 네 번째 카드를 뒤집어본다. 이렇게 하기를 여섯 번을 반복시킨다.

매번 상대방이 뒤집는 카드는 하트 에이스가 아니다. 여섯 번이 다 끝났을 때 뒷면으로 남아 있는 카드는 딱 한 장이다. 이때 상대방에게 이렇게 말한다.

"마지막까지 그 카드를 숨기고 있느라 애쓰셨어."

뒤집어보면 하트 에이스다.

마술에 쓰인 소수

이 카드 마술에서 중요한 것은 몇 장의 카드를 가지고 있는가이다. 이 경우에는 7장이었다. 하지만 3, 5, 11장의 카드로도 가능하다.(카드가 너무 많아지면 지루할 수도 있다.) 52장의 카드 중 뽑아낸 카드가 N장이라면 상대방에게 숫자를 선택할 때 1과 N-1 사이에서 하나를 선택하라고 한다 (11장의 카드일 경우 1과 10 사이에 있는 숫자를 선택한다).

상대방이 4를 선택했고 카드가 11장이라고 하자. 11의 배수가 되려면 4를 몇 번 더해야 할까? 4, 8, 12, 16, 20, 24, 28, 32, 36, 40, 44. 열한 번이다. 상대방이 선택한 수가 6이라면? 6, 12, 18, 24, 30, 36, 42, 48, 54, 60, 66. 역시 열한 번이다. 실제로 어떤 경우이든 11이 된다.

카드의 장수가 소수(P)이기만 하면, 가장 아래 있던 카드를 맞추기 위해서는 카드를 아래로 옮겨놓는 일을 P번 반복하면 된다. 다시 말하면 P번째가 끝날 때 마지막으로 뒤집어지는 카드가 가장 아래 있던 카드이다. 소인수의 원리를 알고 있는 사람에게 뻔히 들여다보이는 결과일 것이다. 하지만 마술에서 아주 효과적으로 쓰이고 있다. 수학자에게도 통할 정도로 말이다.

마술 3 : 숫자 알아맞히기

이번 마술도 간단한 수학적 원리에 입각한 또 다른 '영적인' 마술이다. 다음과 같은 숫자가 적힌 카드 네 장을 준비한다.

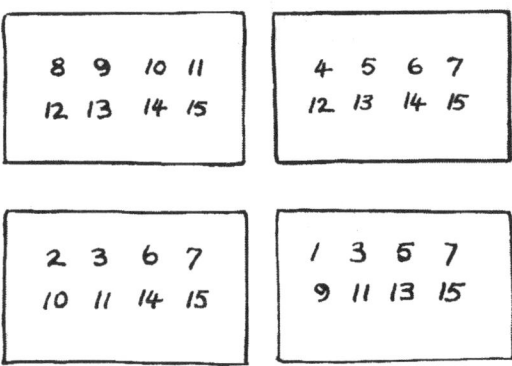

상대방에게 1과 15 사이에 있는 숫자 중 하나를 선택하라고 한다. 그리고 네 장의 카드를 보여주면서 그가 선택한 숫자가 각 카드에 있는지 묻는다. 그러면 상대방이 선택한 숫자가 무엇인지 바로 알 수 있다.

이 마술의 비법도 간단하다. 상대방이 선택한 숫자가 있다고 한 카드의 왼쪽 상단에 있는 숫자들을 더한다. 예를 들면 선택한 숫자가 13이라면 첫째, 둘째, 세 번째 카드에 그 숫자가 있다. 따라서 8, 4, 1을 더하면 13이 된다.

아이들은 이 마술을 가장 좋아한다. 쉽게 이해할 수 있어서 엄마 아빠한테 써먹을 수 있으니까. 또한 이 마술은 컴퓨터의 기본이 되는 이진수의 개념을 잘 나타내고 있다.

> ## 이진수
>
> 마술 3에서 13이 넉 장의 카드에 나타나 있는 방식은 '예, 예, 아니오, 예'이다. 8의 경우는 '아니오, 예, 아니오, 아니오'. 이진 코드에서 '예'는 1로 '아니오'는 0으로 나타낸다. 따라서 13을 이진 코드로 나타내면 1101이 되고 8은 0100이 된다(실제로는 가장 앞에 나오는 0은 쓰지 않으므로 100이다). 이진수는 십, 백, 천 등의 단위가 아닌 2, 4, 8, 16 등을 단위로 쓴다는 것만 제외하고 우리가 쓰는 일반 숫자와 같은 방식으로 계산을 한다.
>
> 그런데 왜 컴퓨터는 우리가 흔히 쓰는 십진수가 아닌 이진수를 사용하는 걸까? 그 이유는 간단하기 때문이다.
>
> 십진수는 서로 다른 숫자를 10개나 알아야 하지만 이진수는 숫자가 두 개뿐이므로 굉장히 간단하다. 더구나 이 방식은 전자적으로 나타내기도 쉽다. '켜짐'일 때는 1, '꺼짐'일 때는 0.

마술 4 : 마방진—마술 사각형

이 마술을 준비하려면 위에 있는 사각형을 확대 복사하고 네 가지 다른 색의 크레용을 준비한다(빨간색, 파란색, 초록색, 노란색이라고 하자). 그리고 39라고 쓴 종이 한 장을 봉투에 넣고 봉한다. 그 봉투를 한 지원자에게 준다. 원한다면 이 마술을 할 때 네 명의 다른 지원자가 있어도 좋다.

12	8	5	9
17	13	10	14
11	7	4	8
13	9	6	10

첫번째 지원자에게 빨간색 크레용을 주고 세로행과 가로열 중 하나씩 선택해서 빨간 줄을 긋게 한다.

다음 지원자는 파란색 크레용으로 남아 있는 행과 열 중에서 하나씩을 선택한다. 초록색도 똑같은 방법으로 초록색 선을 긋고 마지막으로 남아 있는 열과 행에는 노란색 선을 긋는다.

이때 행과 열의 선택은 자유라는 것을 강조하자. 두 개의 빨간색 선이 만나는 숫자와 파란색 선이 만나는 숫자, 초록색 선들이 만나는 숫자, 두 노란 선이 만나는 숫자들을 모두 더해보자. 그 합은 39이다. 그리고 마지막 사람에게 봉투를 열게 하여 예상이 맞았다는 것을 확인시킨다.

이 사각형이 어떻게 만들어진 걸까? 사각형 바깥으로 안에 있던 숫자를 써보자. 이 숫자를 모두 합하면 39가 된다.

세로행 위에 있는 숫자와 그 가로열에 있는 수를 더하여 안의 사각형들을 채운다. 이렇게 마방진이 만들어지는 것이다. 크레용으로 선을 긋는 방법은 가로열과 세로행에서 각각 하나씩의 숫자를 선택하는 것이다. 그래서 숫자들의 합은 사각형을 만들 때 사용되었던 숫자들의 합과 같아진다.

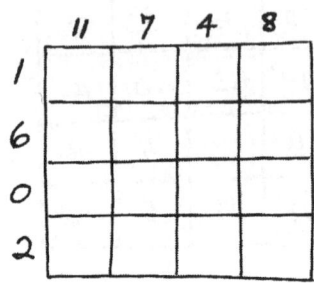

이런 사각형은 원하는 '마법'의 숫자에 맞춰 만들 수 있다. 친척 중에 50번째 생일을 맞는 사람이 있다면 특별 생일 사각형을 만들어줄 수도 있다. 사각형 바깥에 쓸 숫자들의 합이 50이기만 하면 되니까. 단, 생일을 맞은 사람이 이 사실을 안다는 가정 아래.

마술 5 : 지루하지만 재미있는 마술

이 마술은 계산기가 필요하다.

카드 다섯 장을 준비하여 각 장에 '재미없는' 숫자라고 생각되는 숫자를 적는다. 여기서 재미없는 숫자는 3, 7, 11, 13, 37이다. 그리고 지원자들에게 말하자. "우리는 살면서 지루하고 재미없는 일을 하기도 하죠. 하지만 일의 결과가 재미있다면 그건 가치 있는 일이죠." 지원자에게 카드 다섯 장을 섞게 한다. 그리고 1과 9 사이의 숫자 중하나를 생각하라고 한다. 지원자에게 카드 중에서 한 장을 뽑아 그 카드 숫자에 생각한 수를 곱하라고 한다. 그 다음에는 다른 카드를 한

장 뽑아서 그 카드에 적힌 수를 앞의 결과에 곱하게 한다. 다섯 장 모두를 가지고 반복한다. 지원자가 계산기의 '=' 글쇠를 누르기 전에 상대방에게 이제 그가 생각했던 숫자가 여러 번 보일 것이라고 말한다. 정말이다. 상대방이 생각한 숫자가 5라면 그 결과는 555555다.

이 결과는 3×7×11×13×37=111,111이기 때문이다. 앞에서 본 것처럼 3, 7, 11, 13, 37은 모두 소수이고 이것들을 111,111의 소인수이다. 물론 소인수가 곱해지는 순서는 상관 없고 언제나 재미있는 모양의 숫자를 만들어낸다. 1과 9 사이에 숫자 중 어떤 것을 곱해도 선택한 숫자가 6번 보일 것이다.

이 마술은 두 가지로 변형할 수 있다. 먼저 3과 37이 적힌 카드만을 가지고 시작하는 경우다. 지원자가 선택한 숫자(여기서는 5라고 하자)를 각 숫자들에 곱하면 결과는 555가 된다.

다음은 7, 11, 13이 적힌 카드만을 가지고 상대방이 100과 1000 사이의 숫자(여기서는 123이라고 하자)를 생각하게 한다. 그 숫자들을 모두 곱하면 상대방이 선택한 숫자를 두 번 쓴 123123이 된다.

마술 6 : 숫자 바꾸기

이 마술도 계산기가 필요하다.

- 100에서 999 사이의 숫자 중 하나를 생각하자(여기서는 791이라고 하자).
- 그 숫자의 자리를 거꾸로 해보자.(197)
- 처음 숫자와 자리를 바꾼 숫자의 차가 얼마인지 계산한다. 새로운 숫자일 것이다. (791 197 =594)
- 차를 계산해서 나온 이 새로운 숫자도 자리를 바꾼 다음(495) 그 두 수를 더한다.(594+495)

이때 마술사는 어떤 숫자를 쓴 봉투를 하나 준비한다. 상대방에게 마지막으로 나온 숫자가 무엇인지 말하게 하고 준비한 봉투를 열어 보게 한다. 상대가 말한 숫자와 봉투에 쓰인 숫자는 모두 1,089이다.

실제로 이 마술을 오차 없이 성공시키려면 상대방에게 상대방이 선택한 숫자의 첫째 자리 숫자와 셋째 자리 숫자의 차가 적어도 2 이상인지 확인해야 한다(예를 들면 128은 괜찮지만 192는 안 된다).

이 마술은 어떤 세 자리 수에서 그 자리수를 거꾸로 한 수를 뺀 수는 99의 배수가 되기 때문에 가능하다. 세 자리 수를 abc라고 하여 그 이유를 보자. abc는 100a+10b+c이고, 순서가 바뀐 수는 100c+10b+a이다. 첫번째 수에서 두 번째 수를 빼면 99a 99c이다. 이는 99의 배수이다. 확인해보면 알겠지만 198에서 891까지의 수 가운데 99의 배수와 자리수를 거꾸로 한 수를 더하면 1,089가 된다.

이 마술에 한 가지 기술을 더 추가할 수 있다. 상대방에게 어떤 메시지를 보낼 것이라고 말하면서 마술을 시작한다. 앞에서 했던 방식대로 해나가다가 상대방이 1,089라는 숫자를 계산해 냈을 때 봉투를 주는 대신에 그 답에 200을 더하라고 한다. 그 결과를 다시 10,000으로 나누고 6을 곱하게 한다. 보내려고 했던 메시지가 계산기에 나와 있다고 말한다. 계산기에는 0.7734라고 나와 있을 것이다. 그럼 그때 말하는 것이다. "아! 참, 제가 깜빡 했네요. 이건 거꾸로 보는 마술이랍니다." 그럼 상대방은 계산기를 거꾸로 보고 확인할 것이다. 'HELLO'.

즐거운 학문, 수학

이 장은 마지막까지 마술에 대한 이야기로 끌고 왔다. 마술은 수학을 가장 실질적으로 사용하고 있는 중요한 분야라는 것과 그래서 수학이 인생을 즐겁게 만들 수 있다는 사실을 증명해보이고 있다. 재미라는 것은 단순히 놀라움과 예상하지 못했던 결과에 있는 것만은 아니다. 재미를 이끌 수 있는 많은 자극제들은 특성을 관찰하고 '왜?'라고 묻는 것에서부터 나온다. 이 책의 각 장 끝부분에는 그 자극제가 실려 있었다.

 우연히 동시에 일어난 사건에 대한 부분처럼 재미있는 이야기는 우연의 결과일 수도 있다. 그리고 세 대가 한꺼번에 오는 버스나 다섯 장의 꽃잎과 같은 많은 이야기들은 타당한 이유가 있는 것들이다. 이제 누군가가 수학이 무엇이냐고 묻는다면 그냥 시간표에 있는 것이라고 말하지 말자. 수학은 멋진 학문이고, 우리 모두는 그 멋진 것을 사랑할 준비가 되어 있다.

옮긴이의 말

대다수의 보통 사람들은 어린 시절과 청소년기를 '수학'과 함께 보낸다. 그리고 그 시간들이 즐거웠노라고 말할 수 있는 사람은 그리 많지 않은 것이 사실이다. 이렇게 짧지 않은 10년 이상의 기간 동안 수학을 배우는 이유는 무엇일까? 그리 즐겁지도 않은 학문을 왜 배워야 할까? 수학은 배워서 어디에 쓸까?

수학은 철학과 함께 오랜 역사를 가진 학문이다. 하지만 수학은 학문 이전에 우리의 생활과 아주 밀접한 관계에 있다. 학생들이 골치 아프고, 어렵고, 하기 싫다고 느끼면서 그저 외우기만 했던 공식이나 규칙들은 모두 우리 삶 속에서 그 원천을 찾아낼 수 있다.

요즈음 이렇게 생활 속에서 수학을 볼 수 있는 대중 수학책이 많이 등장하고 있다. 이러한 가운데 《왜 버스는 한꺼번에 오는 걸까?》는 기존의 책들이 다루고 있는 역사나 정형화된 사건을 예로 드는 것이 아니라, 어떻게 이런 상황에서 수학을 생각해낼 수 있었을까 할 정도의 상황들을 우리 삶에서 찾아내 보이고 있다.

버스를 탈 때, 요리를 할 때, 샤워를 하거나 TV를 볼 때, 여행을 갔을 때 등 모든 일 속에 수학이 숨겨져 있다. 이제 '수학이 어디에 쓰이

냐'는 질문에 자신 있게 답할 수 있다. '수학은 세상 모든 분야에 중요하게 쓰인다'고. 수학은 세상을, 삶을 이해할 수 있는 능력을 준다.

저자는 모든 일에 '왜?'라는 의문사를 달아 사고를 시작한다. 그리고 우리에게 또 다른 의문점들을 제시하면서 각 장을 마무리하고 있다. 모든 학문의 출발이 '왜?'라는 것에서 시작하듯 어떤 사실이나 사건들을 논리적으로 분석하고 정확한 추리를 하는 과정에서 우리는 수학을 사용하고 있다는 것이다. 문제를 해결하기 위한 단순한 도구로서의 수학이 아니라 바르게 생각하고 바르게 표현하는 방법을 제공하는 언어로 사용하는 수학을 통해 우리의 삶이 풍요로워지기 바란다.

| 참고문헌 |

A.K. Dewdney, *A compendium of math abuse from around the world*, Scientific American Nov. 1990

Steven J. Brams, Alan D. Taylor, *Fair division: from cake cutting to dispute resolution*, Cambridge University Press, 1966.

Darrell Huff, Irving Geis, *How to Lie With Statistics*, W.W. Norton & Company, 1993.

David Berganini, *Life Science Library—Mathematics*, Time Life Books.

David Kahn, *The Codebreakers*, Scribner, 1996.

David Wells, *The Penguin Book of Curious and Interesting Puzzles*, Penguin USA, 1993.

_____, *You Are a Mathematician*, John Wiley & Sons, 1997.

Elementary cryptanalysis—a mathematical approach Abraham Sinkov, The Mathematical Association of America 1966.

Encyclopaedia Britannica.

Eric Duckworth, *A guide to operational research*, Methuen & Co., 1962.

Ian Stewart, *A partly true story*, Scientific American Feb. 1993.

_____, *Daisy, daisy, give me your answer do*, Scientific American, January 1995.

_____, *Nature's Numbers*, Basic Books, 1997.

Irving Adler, *Mathematics—exploring the world of numbers and space*, Hamlyn.

John Horton Conway, Richard K. Guy, *The Book of Numbers*, Copernicus

Books, 1996.

Martin Gardner, *Mathematical Circus*, Random House, 1979.

_____, New Mathematical Diversions, The Mathematical Association of America, 1997.

_____, *Penrose tiles to trapdoor ciphers*, Mathematical Association of America 1989.

_____, *Taxicab geometry offers a free ride to a Non-Euclid locale*, Scientific American Nov. 1980.

_____, *Time travel and other mathematical bewilderments*, W.H. Freeman & Company.

Morton Davis, *Game theory—a non technical introduction*, Basic Books.

Norman N. Nelson, Forest N. Fisch, *The classic cake problem*, The Mathematical Teacher Nov. 1973.

Peter Sprent, *Management mathematics—a user friendly approach*, Penguin.

R.L. Ackoff, M.W. Sasieni, *Fundamentals of operations research*, John Wiley & Sons.

Silver Blaze, Arthur Conan Doyle.

Stephen Barr, *Experiments in Topology*, Dover Pubns., 1989.

Stephen Potter, *The Complete Upmanship*, New American Library Trade, 1978.

Various authors, *For all Practical Purposes—Introducton to Contemporary Mathematics*, W.H. Freeman.

_____, *Mathematics—an introduction to its spirit and use (readings from Scientific American)*, W.H. Freeman.